天然产物标准样品研制技术与示范

巢志茂　张经华　主编

北京科学技术出版社

图书在版编目（CIP）数据

天然产物标准样品研制技术与示范／巢志茂，张经华主编. —
北京：北京科学技术出版社，2021.12
ISBN 978－7－5714－0424－6

Ⅰ. ①天… Ⅱ. ①巢… ②张… Ⅲ. ①天然有机化合物—标准
样品—研制 Ⅳ. ①O629

中国版本图书馆 CIP 数据核字（2019）第 154278 号

责任编辑：李　鹏
责任校对：贾　荣
装帧设计：樊润琴
责任印制：吕　越
出 版 人：曾庆宇
出版发行：北京科学技术出版社
社　　　址：北京西直门南大街 16 号
邮政编码：100035
电　　　话：0086－10－66135495（总编室）　　0086－10－66113227（发行部）
网　　　址：www. bkydw. cn
印　　　刷：北京捷迅佳彩印刷有限公司
开　　　本：787 mm×1092 mm　　1/16
字　　　数：220 千字
印　　　张：11.75
版　　　次：2021 年 12 月第 1 版
印　　　次：2021 年 12 月第 1 次印刷
ISBN 978－7－5714－0424－6

定　价：79.00 元

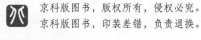

《天然产物标准样品研制技术与示范》

编委会

前　言

　　标准样品是我国标准体系的重要组成部分，是技术标准在不同时间、空间实施一致性的重要技术保证。随着"天然"概念在人们心目中的地位不断提高，我国的食品、保健品、化妆品、医药等行业越来越多地采用天然提取物作为产品的原料，而原料质量的控制和标识离不开标准样品的基础支持。只有具有足够的天然产物标准样品及其分离纯化技术储备，才能拥有上述基础支持的能力，因此，这是一项关系到国家质量基础的研究开发工作。

　　天然产物标准样品在创新药物的研制，过程控制，营养食品的分析鉴定，药品、保健及相关产品质量监控，进出境产品检验，农产品深层次开发，天然产物提取物定性定量确认等工作中都发挥着不可替代的重要作用。研制天然产物标准样品，可以逐步改善目前我国在上述行业中的标准样品不足，且大部分依赖进口对照品的现状。否则，天然产物标准样品研制工作的滞后可能会制约我国企业扩大国内外市场，甚至影响相关产品的质量控制和国际间的合作交流。

　　本书是在近年来开展的典型天然产物标准样品研制技术研究的基础上，特别是在质检公益性行业科研专项"天然产物标准样品示范性研制和技术规范研究"（S201210209）的支持和中国中医科学院科技创新工程项目（CI2021A04512）的资助下编写的。本书对天然产物标准样品研复制工作进行了回顾，介绍了天然产物标准样品的典型研制技术及研制示范，力图建立具有自主知识产权的天然产物技术标准模式，进一步完善天然产物分离纯化技术体系；同时，推荐具有国内先进水平的天然产物标准样品研制方法，解决具有瓶颈性特征，如具有立体异构体、无紫外吸收、紫外只有末端吸收、相对不稳定、液体或较大分子量等特征的天然产物标准样品研制过程中的难题，从而满足食品、保健食品、香料、医药、饲料、工业原材料等行业，以及进出口检验等部门的迫切需求。

　　综上所述，为了进一步体现我国天然产物标准样品的科学性，迫切需要建设一个更为规范、更为先进的研制技术体系，使研制者的研制思路和研制方案更加清晰，更加容易实施。期待本书中的示范性研究，推荐的典型技术和规范性文本能够达到较好的应用示范效果。

本书第一章由张经华、杜宁、曹学丽、周晓萍编写，第二章由巢志茂、王尉、徐双双、黄雯雯、王淳编写，第三章由王尉、巢志茂、杜宁、张梅、贺天雨、吴翠编写，第四章由杜宁、汪雨、张经华、曹学丽、徐大军编写。全书由张经华、王尉、杜宁统稿。本书在编写过程中得到了全国标准样品技术委员会的指导和帮助；部分资料参考了山东省分析测试中心王晓研究员的著作和相关材料，在此一并致谢。同时，在编写过程中编者还参考了公开发表的文章和专利、厂家信息，在此以最诚挚的心情感谢本书中所有被引用和列举的上述相关信息的作者，他们的原创性研究与工作极大地丰富了本书的内容，也是推动天然产物标准样品研制技术与示范研究的原动力。

由于编者水平与时间有限，本书中难免存在一些疏漏和不足，敬请各位同人和读者批评指正。

编者

2021 年 7 月于北京

目 录

目 录

第一章　我国天然产物标准样品研复制工作

第一节　天然产物标准样品简介

一、《中华人民共和国标准化法》与标准样品

2018年1月1日，经十二届全国人大常委会第三十次会议表决通过，新修订的《中华人民共和国标准化法》施行。该法第二条明确规定："本法所称标准（含标准样品），是指农业、工业、服务业以及社会事业等领域需要统一的技术要求。标准包括国家标准、行业标准、地方标准和团体标准、企业标准。国家标准分为强制性标准、推荐性标准，行业标准、地方标准是推荐性标准。强制性标准必须执行。国家鼓励采用推荐性标准。"

目前，我国有3类标准体系，其中国家实物标准样品（英文缩写为GSB）是由全国标准样品技术委员会（SAC/TC118）组织申报、国家质量监督检验检疫总局和国家标准化管理委员会批准的有证实物标准，其特点是根据ISO/REMCO和GB/T 15000的特定程序研制，确保每个特性值的可溯源性。一级国家标准物质（英文缩写为GBW）由全国标准物质管理委员会负责审查，二级国家标准物质由全国标准物质管理委员会下属的各标准物质专业委员会负责审查，最终均由国家质量监督检验检疫总局和国家标准化管理委员会批准。中国食品药品检定研究院负责国家药品标准物质的组织研究、制备、标定、审核和分发等工作，以供药品质量标准中理化测试及生物方法试验，具有确定特性，该物质用于校准设备、评价测量方法或给供试药品定性或赋值。

《国家实物标准暂行管理办法》于1986年1月2日由国家标准局颁布实施，至今已经沿用了30多年。如今，"实物标准"的概念已逐渐被"标准样品"所代替。目前，国家有关部门正在积极组织制定新的"国家标准样品管理办法"。标准样品是以实物形态存在的标准，用于统一检验检测的技术要求。标准样品应当均匀、稳定，可以准确定值，具有可溯源性。

二、天然产物标准样品的分类

天然产物包含了生物界所有的动物、植物、微生物等的个体及其化学成分。目前，天然产物的国家标准样品数量不多，尚未建立完整的天然产物标准样品体系，其分类方法也有待确立。根据天然产物的定义，天然产物标准样品一般可分为个体标准样品和化学成分标准样品，目前研制的主要是化学成分标准样品；根据生物体的不同，也可分为植物标准样品、动物标准样品、微生物标准样品等，目前研制的主要是植物标准样品。

化学成分标准样品可分为生物一次代谢产物标准样品、生物二次代谢产物标准样品。其中，生物一次代谢产物标准样品主要包括糖、蛋白质、脂质、核酸等，生物二次代谢产物标准样品包括有机酸、内酯、多酚、生物碱、萜类、黄酮类、香豆素、木脂素、醌类、甾体及苷类等。目前主要研制的是生物二次代谢产物标准样品，其中以黄酮类、内酯、多酚标准样品居多。

第二节　天然产物标准样品研复制工作介绍

一、天然产物标准样品研复制工作管理体系

我国的标准样品工作从 20 世纪 50 年代起步，自 20 世纪 80 年代初期开始，标准被正式纳入标准化的管理工作中。1988 年，国家标准局标准化司牵头组建了全国标准样品技术委员会（以下简称全国标样委），主要由国家有关部门的领导及全国从事标准样品研制和应用工作的专家组成。截至 2018 年 8 月底，国家有关主管部门已经批准发布了 3536 项国家标准样品。目前，国家标准样品的技术归口组织为全国标样委，其隶属于国家标准化管理委员会，下设 4 个分技术委员会（SC）和若干专业工作组（WG），天然产物标准样品专业工作组是其中的专业工作组之一。

天然产物标准样品由国家质量监督检验检疫总局和国家标准化管理委员会颁布，由全国标样委组织管理和颁发有证标准样品证书，编号模板为 GSB 11 - ＊＊＊＊＊-＊＊＊＊。

二、天然产物标准样品专业工作组

天然产物标准样品专业工作组（以下简称工作组）在全国标样委的领

导下，为我国天然产物标准样品的研复制工作提供技术支撑和服务。同时，工作组也不断搜集和整理国内现有的天然产物提取物信息资源，整合农业、食品、医药等领域及生物、化学、计量等学科的专家资源，为国内外从事天然产物研制和应用的同行提供交流与合作的平台。第一届工作组成立于 2004 年 9 月，由北京天宝物华生物技术有限公司承担相关工作；第二届工作组成立于 2009 年 9 月，由北京市理化分析测试中心承担相关工作；第三届工作组仍然由北京市理化分析测试中心承担相关工作。

（一）工作组的主要工作内容

（1）天然产物国家标准样品研复制工作的组织和程序性管理，包括申报咨询、立项审查、项目评审等。

（2）天然产物国家标准样品研制技术的系统化和规范化。

（3）天然产物国家标准样品及对照品库的建立和完善。

（4）管理天然产物国家标准样品联合定性定值实验室，包括协调标准样品定值及方法开发工作。

（5）各类国家或地方科技计划等科研项目的申报。

（二）工作组秘书处及其职责

经全国标样委批准的第一届工作组秘书处设在北京天宝物华生物技术有限公司，第二、三届工作组秘书处设在北京市理化分析测试中心。

秘书处除实施上述工作组的工作内容外，还开展如下工作：

（1）协助全国标样委开展天然产物标准样品研复制的申报、审批、立项、监查、评审等工作；

（2）细化和解读《国家标准样品项目管理程序》及天然产物标准样品研制技术路线和要求，规范申报材料的内容及格式；

（3）组织工作组对标准样品进行立项审查和项目评审；

（4）组织召开工作组全体会议，发行工作组内部电子期刊《天然产物标准样品专业工作组资讯》；

（5）向相关研制和应用单位开展宣传和推广工作。

三、天然产物标准样品研复制工作内容

在全国标样委的指导、工作组的努力下，我国天然产物标准样品在研制水平、实验平台建设、实验室能力提升等方面都取得了巨大进展。截至 2018 年 8 月底，第二、三届工作组共组织召开天然产物标准样品立项审查会 14 次，立项项目 192 项；召开项目评审会 20 次，评审项目 100 项。

（一）天然产物标准样品研复制计划申报工作

国家标准样品信息管理系统于 2017 年年底上线，网址为 http：//crm. china－cas. org/，也可通过中国标准化协会官方网址中的"标准样品管理系统"模块直接进入该网站。该系统涵盖标准样品信息化管理的全流程，实现国家标准样品管理的全程信息化和可追溯，保证管理的科学性，提高管理的有效性。

该系统目前分为两大部分（对象为研制单位）。

（1）标样管理：立项申请、立项变更、项目验收、有效期延长、信息管理。

（2）会务管理：主要是接收会议通知。

研制单位登录网站进行用户注册。注册成功后，研制单位通过立项申请模块新增立项申请，并按照要求填写后保存。

工作组对立项申请进行审查后，督促和指导申报单位对不符合要求的申报材料进行修改。通过初审后，秘书处组织召开天然产物国家标准样品研复制计划项目审查会，工作组出席会议并进行立项审查及论证。会前，秘书处提前将立项申请材料发至专家审阅；会上，秘书处汇报接收申请项目及目录查重工作情况，各申报单位代表汇报研制项目、技术指标、完成日期等工作计划，专家组给出立项意见。

（二）天然产物标准样品研复制计划项目评审

标准样品研复制计划项目评审是工作组的一项重要工作内容。项目完成后在国家标准样品项目管理系统中提交项目验收申请，将研制报告、定值报告、证书及研制单位上报公文等材料作为附件上传。通过初审的项目可由秘书处组织召开标准样品评审会议，研制单位参加答辩，由参会的评审专家共同审议，使标准样品项目计划申报工作更加公正、公开、公平。秘书处在鉴定会召开前对评审材料进行审查，会前由评审专家提出修改建议，专家审定后，秘书处还会组织专家对报批材料进行最后的审查把关，力争做到报批项目一次性通过。对于研制难度大的标准样品，通常会在研制单位整改合格后，再统一上报全国标样委审查，审查通过后上报国家标准化管理委员会审查。

国家标准样品必须注明有效期，超过有效期的标准样品不得继续发行和销售。当国家标准样品研制单位根据研究结果认为可延长标准样品的使用期限时，可提出延长标准样品有效期的申请，由工作组组织专家对超过有效期的天然产物标准样品进行审查确认工作。通过此项工作，秘书处能够更加主动地掌握流通中天然产物标准样品的有效期，及时提醒研制单位对标准样品进行复查。

四、工作组宣传和推广工作

（一）完善天然产物标准样品立项申报、评审程序和技术材料模板

工作组针对在执行职责的过程中发现的立项申报、项目评审流程不顺畅等问题，不断完善相关程序。秘书处建立了立项申报、项目评审的常规会议日程，形成了规范的会议纪要模板，将会议情况上报全国标样委。同时，在技术评审过程中，工作组按照 GB/T 15000《标准样品工作导则》的规定，完善天然产物标准样品研制的技术要求。由秘书处制作标准样品研制报告、定值报告、标准样品证书等上报材料模板，便于研制单位对标准样品研制技术要求进行理解和掌握。秘书处还将上述材料收于《天然产物提取物实用手册》，用于天然产物标准样品研制的宣传和推广。

（二）出版物推广

2011 年 7 月出版的《天然产物提取物实用手册》，以我国天然产物提取物发展的迫切需求为导向，对我国天然产物的研制、生产、销售等相关信息进行了初步集成，列举了有关天然产物标准样品研制技术体系建设的部分研究成果，汇编了标准样品从申报到评审完成过程的相关文件的解读材料和模板。

2013 年 10 月出版的《天然产物活性成分分离纯化实用手册——保健食品与化妆品篇》，针对保健食品、化妆品行业对天然产物分离纯化技术的迫切需求，提供了保健食品及化妆品的天然产物活性成分对照品的相关信息。

工作组除出版著作外，还定期编制"工作组电子资讯"，发送给工作组成员，使成员了解工作组动态、国内外有关信息等。

（三）扩大宣传及学术交流

为带动更多具有研制能力的研究机构和企业参与到天然产物标准样品的研复制工作中，工作组在全国范围内邀请了 30 家科研机构加入天然产物标准样品定值实验室，以开展联合定值工作（表 1 - 1）。

表1-1 天然产物标准样品定值实验室名录

序号	单位	属性（认证资质）
1	北京市理化分析测试中心（核心实验室）	
2	山东省分析测试中心（参比实验室）	
3	中国科学院新疆理化技术研究所	
4	中国科学院过程工程研究所	
5	中国农业科学院饲料研究所	
6	中国中医科学院中药研究所	
7	国家海洋局第一海洋研究所	
8	国家海洋局第三海洋研究所	研究机构
9	国家食品质量安全监督检验中心	
10	中粮营养健康研究院	
11	新疆分析测试研究院	
12	贵州省分析测试研究院	
13	辽宁省分析科学研究院	
14	沈阳产品质量监督检验研究院	
15	宁波市疾病预防控制中心	
16	北京化工大学	
17	中央民族大学	
18	北京林业大学	
19	华南农业大学	
20	北京工商大学	
21	北京中医药大学	高等院校
22	北京农学院	
23	北京联合大学旅游学院	
24	北京工业技师学院	
25	首都师范大学	
26	哈尔滨商业大学	
27	沈阳化工大学	
28	昆明制药集团股份有限公司	
29	广州京诚检测技术有限公司	企业
30	青岛京诚检测科技有限公司	

工作组组织召开天然产物标准样品研制专家研讨会，工作组成员多次参加中国标准样品及认可国际交流会、中国标准化论坛、标准样品国际研讨会等相关学术会议，发表了多篇学术论文，并在会上做相应学术报告。在全国标样委的指导下，工作组努力贯彻国家标准样品项目管理程序和流程，开展了标准样品研复制计划的组织、协调、程序性管理工作。

第三节 我国天然产物标准样品研复制工作程序

一、天然产物标准样品研复制工作基本流程

天然产物标准样品的研复制工作基本流程如下：

（1）立项申请；

（2）程序审查，目录查重，专家论证；

（3）计划批准，立项公告发布；

（4）承担单位开展研复制工作；

（5）提交评审材料，形式审查；

（6）正式审核，专家评审；

（7）全国标样委报批，国家标准化管理委员会发布公告，录入数据库，到入出版目录；

（8）颁发证书。天然产物标准样品的研制需要根据 ISO/REMCO 相关导则和《标准样品工作导则》的特定程序进行。该程序可以确保每个特性值的溯源性，并且每个被确认的特性值都附有规定置信区间的不确定度限值，从而确保最终提供的检测数据可靠、翔实。

二、标准样品研制的技术路线

标准样品研制的技术路线可分为以下几个步骤：天然产物高纯度单体分离纯化工艺的开发、高纯度天然产物单体的制备、定性分析、稳定性实验、均匀性实验、定值、数据处理和评审材料编写（图 1-1）。

天然产物标准样品技术体系是由信息、管理、专业、生产 4 个技术种类单元组成的功能化体系，同时也具有以分离、制备、分析色谱技术为核心的特点。

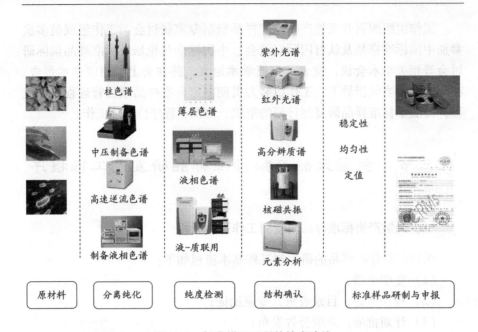

图1-1 标准样品研制的技术路线

第二章　天然产物标准样品典型研制技术

我国早在 1998 年就开始了天然产物国家标准样品的研制工作，并于 2004 年 12 月成立了全国标准样品技术委员会天然产物标准样品专业工作组，对解决标准样品研制技术尚不完善、部分样品稳定性不足等问题发挥了积极的作用。例如，经高效液相色谱—紫外检测，峰面积归一化法定值的样品纯度是 99%，但是在磁共振的氢谱中则存在着显而易见的杂质。造成这种现象的原因可能是多种多样的：有的是因为其中的杂质没有被紫外吸收，有的是因为氢谱测试时存在较多的溶剂残留，有的是因为杂质被高效液相色谱的色谱柱吸附而不能检出，有的是因为杂质的紫外吸收波长与检测的波长不一致，有的是因为杂质与被检测物在色谱分离时没有有效分开等。例如，在进行核磁共振的氢谱归属时出现了对化学位移、耦合常数的错误计算，或者出现了错误的归属等。这些问题都制约了天然产物标准样品的研制工作。

本章针对标准样品研制过程中的共性技术及其关键技术，包括标准样品纯度分析技术、结构解析技术和稳定性研究技术，提出了具体的研制要求，以期突破天然产物标准样品研制工作的诸多技术瓶颈，供更多的标准样品研制单位在研制工作中参考。

第一节　标准样品纯度分析技术

天然产物标准样品纯度分析技术包括高效液相色谱、气相色谱、薄层色谱、化学分析等，本节主要介绍较为常用的高效液相色谱技术和薄层色谱技术。

一、高效液相色谱技术

色谱法是一种利用混合物中各个组分在两相间的分配原理以获得分离的方法。1906 年，俄国植物学家茨维特以碳酸钙为填充柱，成功地分离了植物色素，这种简易的分离技术奠定了传统色谱法的基础。随着现代科学技术的迅猛发展，人们在对快速、高效的分离纯化技术的探索中将研究的重点转向了色谱法，进而促进了色谱分离技术的发展。近几十年，高效液相色谱法（High Performance Liquid Chromatography，HPLC）已成为成熟的分离纯化手段。

（一）技术原理

目前，国内外大多数厂商生产的高效液相色谱仪由储液器、泵、进样器、色谱柱、检测器、记录仪等组成。储液器中的流动相被高压泵打入系统，样品溶液经进样器进入流动相，被流动相载入色谱柱（固定相）内，由于样品溶液中的各组分在两相中具有不同的分配系数，在两相中做相对运动时经过反复的吸附—解吸的分配过程，各组分在移动速度上产生较大的差异，被分离成单个组分，依次从柱内流出，通过检测器时样品浓度被转换成电信号传送到记录仪，数据以谱图形式打印出来。国内外对高效液相色谱技术的研究主要体现在固定相技术和检测器技术方面。

（二）常用检测器

1. 二极管阵列检测器

二极管阵列检测器（Diode Array Detector，DAD）是20世纪80年代出现的一种新型紫外检测器，其工作原理是光源经一系列光学反射镜进入流通池，通过流通池的光再经分光系统、狭缝照射到一组光电二极管上，数据收集系统实时记录下组分的光谱吸收，最终得到三维的立体谱图。在晶体硅上紧密排列一系列光电二极管，每一个二极管相当于一个单色器的出口狭缝，二极管越多则分辨率越高。

二极管阵列检测器是目前应用最广泛的液相色谱检测器，具有灵敏度高、噪声低、线性范围宽、对流速和温度的变化不敏感等优点，也适用于梯度洗脱及制备色谱，可得到任意波长的色谱图、任意时间的光谱图。同时，该检测器具有色谱峰纯度鉴定、光谱图检索等功能，可提供组分的定性信息。可以说，二极管阵列检测器的开发是高效液相色谱技术进步的典型范例。1975年，Talmi首次报道了二极管阵列系统的使用，后来Yates、Kuwanan和Milano等人对该项技术做了进一步发展。

2. 蒸发光散射检测器

蒸发光散射检测器（Evaporative Light-Scattering Detector，ELSD）是一种自20世纪90年代开始得到广泛应用的通用型高效液相色谱质量检测器，其原理是将色谱柱洗脱液雾化成气溶胶，然后在加热的漂移管中将溶剂蒸发，在光散射检测池中检测最后余下的不挥发性溶质颗粒。该检测器可检测挥发性低于流动相的任何样品，而不需要样品含有发色基团。蒸发光散射检测器的灵敏度比示差折光检测器的灵敏度高，对温度变化不敏感，基线稳定，适合与梯度洗脱液相色谱联用。蒸发光散射检测器已被广泛应用于对碳水化合物、类脂、脂肪酸和氨基酸、药物以及聚合物等的检测。

3. 质谱检测器

质谱检测器是一种通用型检测器，在灵敏度、选择性、通用性及检测化合物的分子量和结构信息等方面都有突出的优点，采用这种检测器时一般称为高效液相色谱—质谱联用（HPLC-MS 联用）。质谱检测器的基本原理是使试样中各组分在离子源中发生电离，生成不同荷质比的带正电荷的离子，经加速电场的作用，形成离子束，进入质量分析器。在质量分析器中，利用电场和磁场使离子束发生相反的速度色散，将它们分别聚焦而得到质谱图，从而得到检测结果。

4. 荧光检测器

荧光检测器（Fluorescence Detector，FLD）是利用某些溶质在受紫外光激发后能发射可见光（荧光）的性质来进行检测。它是一种具有高灵敏度和高选择性的检测器，对不产生荧光的物质，可使其与荧光试剂产生反应，制成可发生荧光的衍生物再进行测定。荧光检测器的灵敏度比紫外吸收检测器的灵敏度高 100 倍，当要对痕量组分进行选择性检测时，荧光检测器是一种常用的检测工具。因为不是所有的化合物在选择的条件下都能产生荧光，所以荧光检测器不属于通用型检测器，应用范围较窄，可用于梯度洗脱。测定中不能使用可熄灭、抑制或吸收荧光的溶剂作为流动相。对不能直接产生荧光的物质，要使用色谱柱后衍生技术。荧光检测器已在生物化工、临床医学检验、食品检验、环境监测中获得广泛应用。

5. 示差检测器

示差检测器（Refractive Index Detector，RID）又称示差折光检测器，它是通过连续监测参比池和测量池中溶液的折射率之差来测定试样浓度的检测器。由于每种物质都具有与其他物质不同的折射率，因此它是一种通用型检测器。

（三）分析方法

标准值作为天然产物标准样品性质的重要指标，通常采用 HPLC 面积归一化法进行确定。但是，面积归一化法在假设所有待测化合物均能被洗脱且检出，同时所有杂质均与标准样品的主成分分离，并且所有杂质均与主成分响应因子相同的前提下，其结果才可完全真实地表明该物质的纯度。但是在实际工作中，由于 HPLC 面积归一化法定值存在着局限性，为了减少测定值与实际值之间的误差，可采用液相色谱法的多种条件相结合的方式进行天然产物标准样品纯度分析。

（1）等度洗脱。选用等度洗脱方式对标准样品进行纯度分析，并选择该方法作为均匀性、稳定性检验、定值的实验条件。

（2）梯度洗脱。在色谱分析中，经常会出现由于强保留物质难以洗脱而影响分析结果的情况，尤其是在等度恒定洗脱的条件下。为了提高对强保留物质的洗脱能力，常采用梯度洗脱的方式。

（3）不同色谱柱分析。为了解决由于固定相选择性不同而引起检测结果产生差异的问题，选择不同色谱柱以及相应的洗脱条件对同一标准样品进行分析。

（4）二极管阵列检测器全波长检测。由于化合物的种类不同，吸收波长也不同，单一的检测波长往往会忽略杂质的存在，为了全面确定标准样品中杂质的情况，通过采集三维色谱图，确定其他波长下是否有杂质出现。

（5）高效液相色谱—蒸发光散射检测器联用。如果标准样品无紫外可见吸收，可采用通用型检测器 ELSD 开展纯度分析工作。另外，对于标准样品有紫外可见吸收，而杂质可能无紫外可见吸收的情况，可采用 HPLC-ELSD 和 HPLC-DAD 两种方法共同分析标准样品的纯度。

（6）高效液相色谱—质谱联用。在标准样品纯度分析中，对于杂质含量极低或无紫外可见吸收的情况，可以利用质谱检测器提高灵敏度的方式解决。

（四）应用实例

以反式—阿魏酸为例（标准样品证书编号 GSB 11 - 3427 - 2017），从 HPLC 不同洗脱条件、不同色谱柱、二极管阵列检测器全波长检测、高效液相色谱—蒸发光散射检测器联用、高效液相色谱—质谱联用等方面对所制备样品的纯度进行分析，结果表明其纯度均在 99.5% 以上。

1. 等度洗脱

分析条件是色谱柱：Wondasil C18（150 mm×4.6 mm，5 μm）；流动相：甲醇—2% 乙酸水（35：65，v/v），流速：0.8 mL/min；柱温：30℃；进样量：10 μL；检测波长：280 nm。见图 2-1。

2. 梯度洗脱

分析条件是色谱柱：Wondasil C18（150 mm×4.6 mm，5 μm）；流动相：甲醇—2% 乙酸水，0~25min，5%~30% 甲醇（v/v）；25~35min，30%~50% 甲醇（v/v）；35~45min，50%~100% 甲醇（v/v）；流速：0.8 mL/min；柱温：30℃；进样量：10μL；检测波长：280nm。见图 2-2。

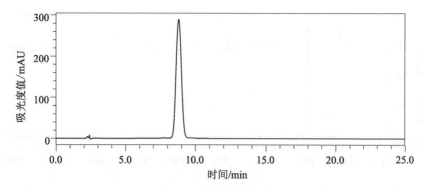

图 2-1 反式—阿魏酸等度洗脱 HPLC 谱图

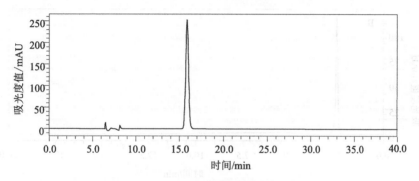

图 2-2 反式—阿魏酸梯度洗脱 HPLC 谱图

3. 不同色谱柱分析

选用了迪马 Diamonsil C18 和菲罗门 Phenomenex Lunaphenyl-hexyl 两款色谱柱对反式—阿魏酸进行纯度分析。分析条件是流动相：甲醇—2%乙酸水（35∶65，v/v），流速：0.8 mL/min；柱温：30℃；进样量：10μL；检测波长：280nm。见图 2-3。

4. 二极管阵列检测器全波长检测

分析条件是色谱柱：Wondasil C18 （150 mm×4.6 mm，5 μm）；流动相：甲醇—2%乙酸水（35∶65，v/v），流速：0.8 mL/min；柱温：30℃；进样量：10μL；检测波长：280~800nm。见图 2-4。

5. 高效液相色谱—蒸发光散射检测器联用

分析条件是色谱柱：Wondasil C18 （150 mm×4.6 mm，5 μm）；流动相：甲醇—2%乙酸水（30∶70，v/v），流速：0.8 mL/min；柱温：30℃；进样量：10 μL；漂移管温度40℃，载气压力350kPa。见图 2-5。

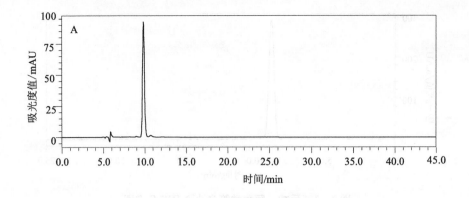

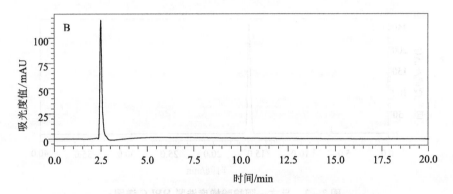

图 2-3 反式—阿魏酸不同色谱柱 HPLC 谱图

A. Diamonsil C18 色谱柱（250 mm×4.6 mm，5 μm）

B. Phenomenex Lunaphenyl-hexyl 色谱柱（250 mm×4.6 mm，5 μm）

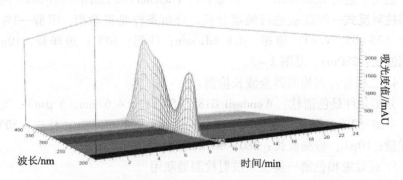

图 2-4 反式—阿魏酸二极管阵列检测器全波长谱图

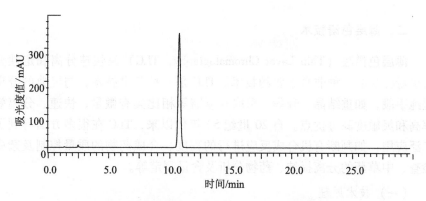

图2-5 反式—阿魏酸高效液相色谱—蒸发光散射检测器联用谱图

6. 高效液相色谱—质谱联用

色谱柱：ACQUITY UPLC（2.1×100 mm，1.7 μm）；流动相：A 为乙腈，B 为 0.1% 甲酸，0-10 min，80% B；流速：0.2 mL/min；柱温：35℃；运行时间：10 min。MS 条件如下：Sheath gas 40 L/min；Aux gas：15 L/min；Spray voltage：3.0 kV；Capillary temp：320℃；Aux Gas heater temp：350℃；Scan：150 to 2000 m/z。见图2-6。

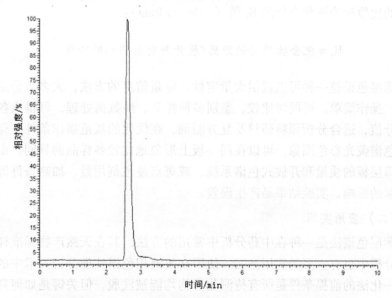

图2-6 反式—阿魏酸高效液相色谱—质谱联用谱图

二、薄层色谱技术

薄层色谱法（Thin Layer Chromatography，TLC）是快速分离和定性分析少量样品的一种非常重要的技术。TLC 是一种色谱技术，与经典的分离提纯手段，如重结晶、升华、萃取和蒸馏等相比具有微量、快速、分离效率高和灵敏度高等优点。自 20 世纪 50 年代以来，TLC 在很多方面得到了广泛应用，如判断有机合成反应进行的程度、合成药物的质量控制及杂质检查、中草药的分离提纯、药物分析及含量测定等。

（一）技术原理

通常所说的薄层色谱一般是指吸附薄层色谱。吸附薄层色谱是使用最广泛的方法，即采用硅胶、氧化铝等吸附剂铺成薄层，利用吸附剂表面对不同组分吸附能力的差别达到分离的方法。它的原理是由于混合物中的各个组分对吸附剂（固定相）的吸附能力不同，当展开剂（流动相）流经吸附剂时，反复发生吸附和解吸过程，吸附力弱的组分随流动相迅速向前移动，吸附力强的组分留在后面，由于各组分具有不同的移动速度，最终得以在固定相薄层上分离。一个化合物在薄层板上上升的高度与展开剂上升高度的比值称为该化合物的 R_f 值（ration to front）：

$$R_f = 化合物移动的距离/展开剂前沿移动的距离$$

薄层色谱是一种可以提供大量定性、定量信息的方法，大多数为正相色谱，操作简单，可同时比较、鉴别多种样品。经数据处理，可得出各样品积分值，适合分析原料药材及复方制剂，在优化的规范操作条件下得到薄层色谱荧光彩色图像，可以在同一板上形象地比较各样品的异同。由于受到薄层板的质量和开放式色谱系统，或斑点显色剂用量、加热条件等外界因素的影响，实验结果易产生误差。

（二）应用实例

薄层色谱法是一种在中药分析中常用的方法，其在天然产物标准样品纯度分析中也有重要的实用意义。使用高效液相色谱纯度分析技术中的面积归一化法的前提条件是所有待测化合物均能被洗脱，但关键是如何判断样品是否被完全洗脱。薄层色谱法可对样品中全部成分进行分析，从而能够更全面地对标准样品中是否存在难以洗脱或无法洗脱的杂质进行确认。本节选用长梗冬青苷（标准样品研复制计划 S2012087）、肉桂醛（标准样品研复制计划 S2012090）、水苏糖（标准样品研复制计划 S2012091）、樱花素（标准样品研复制计划 S2012088）和芝麻素（标准样品证书编号 GSB 11 - 3370 - 2016）5 种天然产物标准样品进行薄层色谱分析方法的示范应用。每种样品分别采用 3 种展开体系进行分析，薄层板硅胶 G 板梯度点样，点样量分别为 20 μg（点 1）、40 μg（点 2）、60 μg（点 3）、80 μg（点 4）、100 μg（点 5）。

1. 长梗冬青苷

精密称取样品 5 mg，加 0.25 mL 甲醇溶液摇匀，滤过，取续滤液，即得 20 mg/mL 对照品溶液。展开剂体系 I，氯仿：甲醇：甲酸为 16：4：1（v/v）；展开剂体系 II，苯：丙酮：甲醇为 3：1：1（v/v）；展开剂体系 III，氯仿：乙酸乙酯：甲醇：水为 15：40：22：10（下相，v/v）。显色剂：10% 香草醛浓硫酸。显色方法：105℃ 加热至斑点显色清晰。见图 2 - 7。

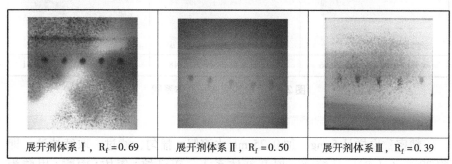

展开剂体系 I，$R_f = 0.69$　　展开剂体系 II，$R_f = 0.50$　　展开剂体系 III，$R_f = 0.39$

图 2 - 7　长梗冬青苷展开剂体系图

2. 肉桂醛

精密称取样品 10 mg，加 0.5 mL 乙腈溶液摇匀，滤过，取续滤液，即得 20 mg/mL 对照品溶液。展开剂体系 I，石油醚：乙酸乙酯为 17：3（v/v）；展开剂体系 II，正己烷：丙酮：甲酸为 8：2：0.1（v/v）；展开剂体系 III，石油醚：正己烷：乙酸乙酯：甲酸 = 4：6：3：0.2（v/v）。显色剂：2,4-二硝基苯肼硫酸甲醇。显色方法：喷雾后显色。见图 2 - 8。

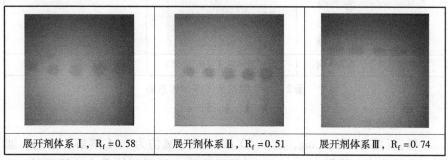

展开剂体系 I，$R_f = 0.58$　　展开剂体系 II，$R_f = 0.51$　　展开剂体系 III，$R_f = 0.74$

图 2 - 8　肉桂醛展开剂体系图

3. 水苏糖

精密称取样品 5 mg，加 0.25 mL 水溶解，摇匀，滤过，取续滤液，即得 20 mg/mL 对照品溶液。展开剂体系 I，乙酸乙酯：甲醇：水：乙酸为 3：2：1：2（v/v）；展开剂体系 II，乙腈：乙酸：水为 6：3：2（v/v）；展开剂体系 III，正丁醇：异丙醇：乙酸：水为 5：2：2：4（v/v）。显色剂：α-萘酚浓硫酸。显色方法：105℃加热至斑点显色清晰。见图 2-9。

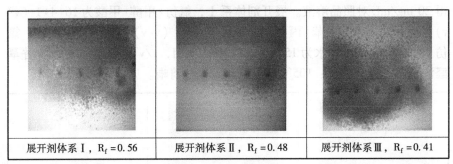

| 展开剂体系 I，$R_f = 0.56$ | 展开剂体系 II，$R_f = 0.48$ | 展开剂体系 III，$R_f = 0.41$ |

图 2-9　水苏糖展开剂体系图

4. 樱花素

精密称取样品 5 mg，加 0.25 mL 水溶解，摇匀，滤过，取续滤液，即得 20 mg/mL 对照品溶液。展开剂体系 I，正己烷：氯仿：丙酮：甲酸为 10：8：2：0.1（v/v）；展开剂体系 II，甲苯：乙酸乙酯：甲酸为 10：2：1（v/v）；展开剂体系 III，石油醚：乙酸乙酯为 2：1（v/v）。显色剂：10% 磷钼酸乙醇。显色方法：105℃加热至斑点显色清晰。见图 2-10。

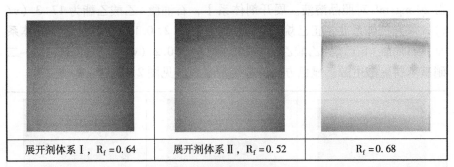

| 展开剂体系 I，$R_f = 0.64$ | 展开剂体系 II，$R_f = 0.52$ | $R_f = 0.68$ |

图 2-10　樱花素展开剂体系图

5. 芝麻素

精密称取样品 10 mg，加 0.50 mL 乙醇：氯仿为 1：1 溶解，摇匀，滤过，取续滤液，即得 20 mg/mL 对照品溶液。展开剂体系 I，正己烷：乙醚：乙酸乙酯为 10：1：2（v/v）；展开剂体系 II，石油醚：乙酸乙酯：丙酮为

10∶2∶1 (v/v)；展开剂体系Ⅲ，氯仿∶甲醇∶石油醚为2∶3∶10 (v/v)。显色剂：10%硫酸乙醇。显色方法：105℃加热至斑点显色清晰。见图2-11。

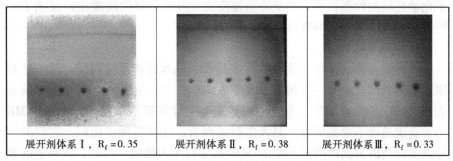

| 展开剂体系Ⅰ，$R_f = 0.35$ | 展开剂体系Ⅱ，$R_f = 0.38$ | 展开剂体系Ⅲ，$R_f = 0.33$ |

图2-11 芝麻素展开剂体系图

薄层色谱分析需根据不同样品的极性，对每种标准样品确定不同展开剂。本节对所选用的5种标准样品分别采用3种不同展开剂进行分析，均能达到良好的展开效果，使其 R_f 值介于0.2~0.8，满足了分析要求。同时，上述实验结果图中均未出现杂质斑点，表明样品纯度较高。

第二节 标准样品典型结构解析技术

天然产物标准样品结构解析技术包括紫外光谱、红外光谱、质谱、核磁共振波谱等方法，本节主要针对结构解析中典型的核磁共振波谱和红外光谱技术进行介绍。

一、核磁共振波谱技术

（一）技术原理

核磁共振波谱法（Nuclear Magnetic Resonance Spectroscopy，NMRS）是吸收光谱的一种，用适宜频率的电磁波照射置于强磁场下的原子核，使其自旋能级发生分裂。当核吸收的能量与核自旋能级差相等时就会发生核自旋能级的跃迁，同时产生核磁共振信号，从而得到一种吸收光谱的核磁共振波谱，以这种原理建立的方法称核磁共振波谱法。核磁共振波谱法是结构分析的重要工具之一，经常使用的是[1]H和[13]C的共振波谱。

1. 核磁共振氢谱

氢原子有磁性，电磁波照射氢原子核时氢原子能通过共振吸收电磁波的能量而发生跃迁，用核磁共振仪可以记录到有关信号。在不同环境中的氢原子产生共振时吸收电磁波的频率不同，在谱图上出现的位置也不同，因此在磁共振氢谱图中形成特征峰。特征峰的数目反映了有机分子中氢原子化学环境的种类，不同特征峰的强度比（及特征峰的高度比）反映了不同化学环境中氢原子的数目比。

2. 核磁共振碳谱

核磁共振碳谱和氢谱技术有许多共性，基本原理是相同的，只是针对原子核对象改变而有一些相应的改变。^{13}C-NMR 可直接观测不带氢的含碳官能团，如羰基、氰基等；不能用积分高度来计算碳的数目，因为 ^{13}C-NMR 的常规谱是质子全去偶谱。对大多数碳而言，尤其是质子化碳，它们的信号强度都会因去偶的同时产生的 NOE 效应而大大增强，因此，碳原子的数目不能通过常规共振谱的谱线强度来确定。由于 C 同位素在自然界中丰度低，而且 C 的磁极矩也只有 H 的 1/4，碳谱测定不仅需要高灵敏度的核磁共振仪器，而且所需要的有机样品量也较多。

（二）应用实例

本节选取 20 种已获得国家标准化管理委员会批准、由全国标样委核发标准样品证书的天然产物标准样品进行核磁共振碳谱和氢谱分析，并对谱图进行数据解析，形成 20 个核磁共振应用实例。

1. 反式—阿魏酸

英文名称：trans-Ferulic Acid

分子式：$C_{10}H_{10}O_4$

化学名称：3-甲氧基-4-羟基肉桂酸

分子量：194.18

CAS 号：537 - 98 - 4

化学结构式见图 2 - 12。

核磁共振数据见表 2 - 1、2 - 2，谱图见图 2 - 13、2 - 14。

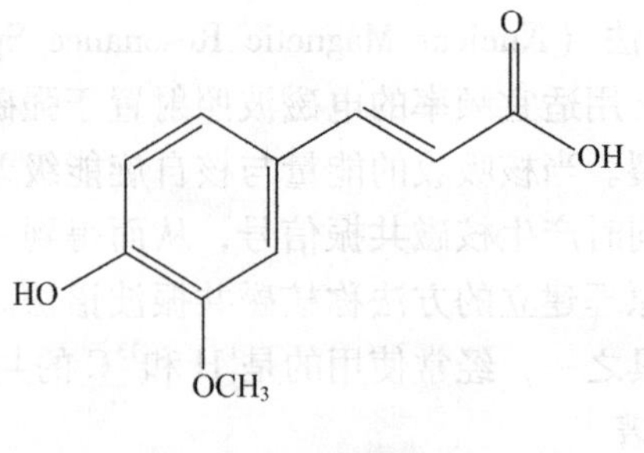

图 2 - 12　反式—阿魏酸化学结构式

表2-1　反式—阿魏酸的核磁共振氢谱数据（溶剂DMSO-d_6）

位置	测定值	文献值*
2	7.28 (d, $J=1.8$ Hz)	7.04 (d, $J=1.5$ Hz)
5	6.79 (d, $J=8.4$ Hz)	6.82 (d, $J=8.4$ Hz)
6	7.08 (dd, $J=1.8$, 8.4 Hz)	7.09 (dd, $J=1.5$, 8.4 Hz)
7	7.48 (d, $J=16.2$ Hz)	7.57 (d, $J=16.0$ Hz)
8,9	6.37 (d, $J=16.2$ Hz)	6.25 (d, $J=16.0$ Hz)
—OCH$_3$	3.82 (s)	3.90 (s)

注：*文献中氘代溶剂为氯仿

表2-2　反式—阿魏酸的核磁共振碳谱数据（溶剂DMSO-d_6）

位置	测定值	文献值*
1	125.7	125.7
2	115.7	115.6
3	149.0	149.0
4	147.9	147.8
5	115.5	115.4
6	122.8	122.7
7	144.4	145.1
8	111.1	111.1
9	168.1	167.8
—OCH$_3$	55.7	55.6

注：*文献中氘代溶剂为氯仿。

2. 红景天苷

英文名称：Salidroside

CAS号：11338-51-9

分子式：$C_{14}H_{20}O_7$

分子量：300.30

化学结构式见图2-15。

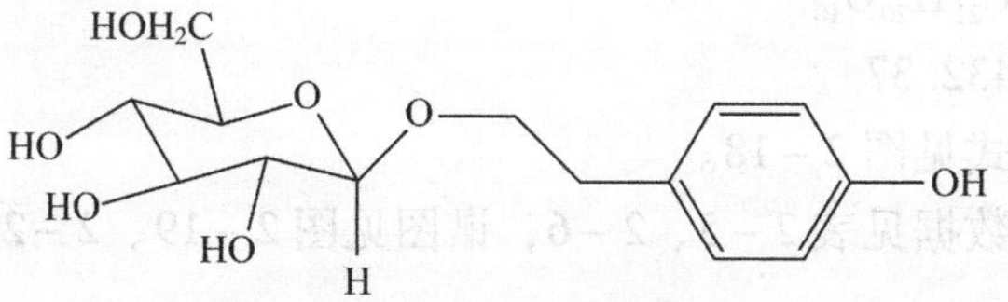

图2-15　红景天苷的化学结构式

核磁共振数据见表2-3、2-4，谱图见图2-16、2-17。

表2-3　红景天苷的核磁共振氢谱数据（溶剂 CD$_3$OD）

位置	测定值	文献值
3, 5	6.74 (2H, d, J = 7.8 Hz)	6.67 (2H, d, J = 7.5 Hz)
2, 6	7.11 (2H, d, J = 7.8 Hz)	7.03 (2H, d, J = 7.5 Hz)
1′	4.33 (1H, d, J = 7.8 Hz)	4.28 (1H, d, J = 7.5 Hz)
2′, 3′, 4′, 5′, 6′	4.07, 3.90, 3.71, 3.29 ~ 3.39 (7H, m)	4.02, 3.85, 3.69, 3.24 ~ 3.28 (7H, m)
8	3.22 (2H, m)	3.20 (2H, t, J = 6.4 Hz)
7	2.85 (2H, m)	2.82 (2H, t, J = 6.4 Hz)

表2-4　红景天苷的核磁共振碳谱数据（溶剂 CD$_3$OD）

位置	测定值	文献值
1	131.1	130.9
2, 6	130.9	130.7
3, 5	116.2	116.1
4	156.9	156.8
7	36.5	36.4
8	72.2	72.1
1′	104.5	104.4
2′	75.3	75.1
3′	78.2	78.1
4′	71.8	71.7
5′	78.1	77.9
6′	62.9	62.8

3. 槐角苷

英文名称：Sophoricoside

CAS 号：152 - 95 - 4

分子式：C$_{21}$H$_{20}$O$_{10}$

分子量：432.37

化学结构式见图2-18。

核磁共振数据见表2-5、2-6，谱图见图2-19、2-20。

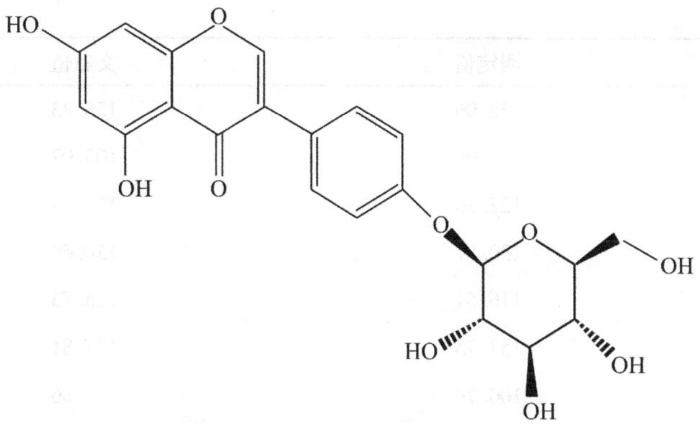

图 2 – 18 槐角苷的化学结构式

表 2 – 5 槐角苷的核磁共振氢谱数据（溶剂 DMSO – d_6）

H	测定值	文献值
2	8.38	8.38
2'	7.50	7.49
6'	7.49	7.49
3'	7.10	7.10
5'	7.09	7.10
8	6.40	6.40
6	6.23	6.23
1″	4.90	4.91
5 – OH	12.90	12.90
7 – OH	10.89	10.89

表 2 – 6 槐角苷的核磁共振碳谱数据（溶剂 DMSO – d_6）

C	测定值	文献值
2	154.89	154.92
3	124.66	124.82
4	180.51	180.68
5	162.45	162.49
6	99.52	99.67
7	164.89	164.88
8	94.21	94.42

C	测定值	文献值
9	158.06	158.23
10	104.90	105.07
1′	122.36	122.58
2′, 6′	130.51	130.69
3′, 5′	116.51	116.73
4′	157.75	157.81
1″	100.79	100.86
2″	73.70	73.79
3″	77.53	77.44
4″	70.17	70.34
5″	77.10	77.05
6″	61.15	61.31

4. 黄芪甲苷

英文名称：Astragaloside IV

CAS 号：84687 - 43 - 4

分子式：$C_{41}H_{68}O_{14}$

分子量：784.5

化学结构式见图 2 - 21。

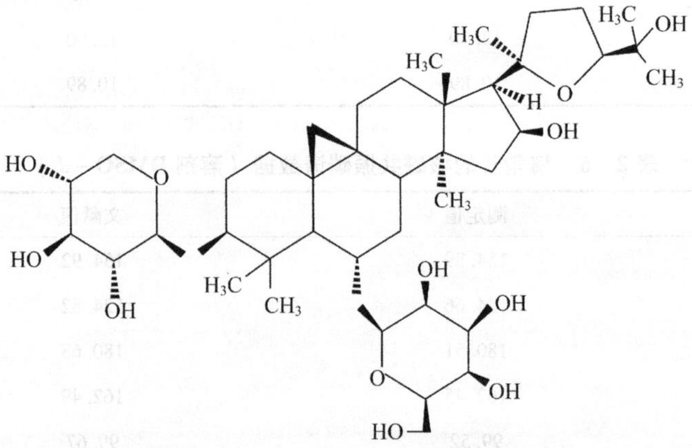

图 2 - 21　黄芪甲苷的化学结构式

核磁共振数据见表 2 - 7、2 - 8，谱图见图 2 - 22、2 - 23。

表 2 – 7　黄芪甲苷的核磁共振氢谱数据（溶剂 C_5D_5N）

位置	测定值	文献值
3	3.60	3.51
16	5.08	4.97
17	2.60	2.51
18	1.49	1.39
19	0.66, 0.28	0.570, 0.18
21	1.45	1.36
22	3.20	3.12
26	1.66	1.57
27	1.35	1.28
28	2.11	2.04
29	1.35	1.28
30	1.01	0.91
1'	4.98	4.90
1"	4.93	4.84
Sugar – H	4.56	4.48
	4.43	4.35
	4.39	4.31
	3.87	3.77
	3.77	3.67

表 2 – 8　黄芪甲苷的核磁共振碳谱数据（溶剂 C_5D_5N）

位置	测定值	文献值
1	30.8	31.0
2	28.8	29.1
3	87.1	87.3
4	41.2	41.5
5	51.1	51.4
6	77.9	78.1
7	33.2	33.5
8	44.3	44.6
9	19.7	19.9
10	27.6	27.8

续表

位置	测定值	文献值
11	24.7	24.9
12	32.0	32.2
13	43.6	43.9
14	44.8	45.0
15	44.8	45.0
16	72.0	72.2
17	56.8	57.0
18	19.7	19.9
19	27.4	27.7
20	85.8	86.1
21	25.7	25.9
22	33.5	33.7
23	25.1	25.3
24	80.2	80.5
25	69.9	70.1
26	27.2	27.4
27	27.2	27.4
28	26.8	27.0
29	15.2	15.5
30	18.4	18.7
1'	106.3	106.6
2'	74.2	74.5
3'	77.1	77.4
4'	69.8	70.1
5'	65.7	65.9
1"	103.8	104.1
2"	74.2	74.4
3"	77.8	78.0
4"	70.4	70.6
5"	76.7	77.0
6"	61.7	61.9

5. 黄芩苷

英文名称：Baicalin

CAS 号：21967 - 41 - 9

分子式：$C_{21}H_{18}O_{11}$

分子量：446.4

化学结构式见图 2 - 24。

核磁共振数据见表 2 - 9、2 - 10，谱图见图 2 - 25、2 - 26。

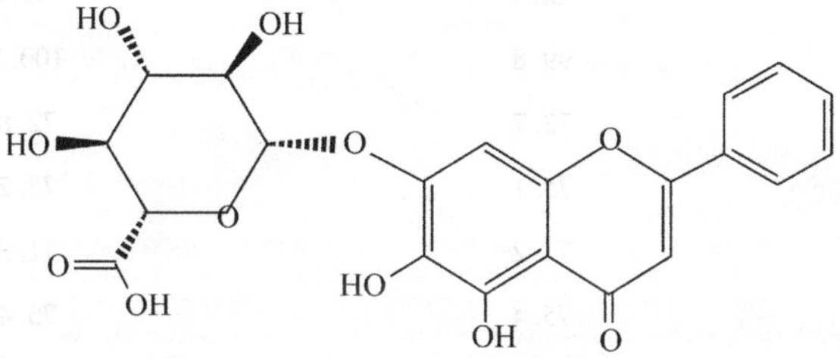

图 2 - 24　黄芩苷的化学结构式

表 2 - 9　黄芩苷的核磁共振氢谱数据（溶剂 DMSO - d_6）

位置	测定值	文献值
3	7.06	7.05
8	7.02	7.01
2′, 6′	8.08	8.07
3′, 4′, 5′	7.60	7.61
5 - OH	12.60	12.60
6 - OH	8.69	8.70

表 2 - 10　黄芩苷的核磁共振碳谱数据（溶剂 DMSO - d_6）

位置	测定值	文献值
2	163.4	163.5
3	106.0	106.1
4	182.5	182.5
5	146.7	146.8
6	130.5	130.6
7	151.2	151.2
8	93.6	93.7

位置	测定值	文献值
9	149.1	149.2
10	104.7	104.7
1′	130.7	130.8
2′, 6′	126.3	126.3
3′, 5′	129.1	129.1
4′	132.0	132.0
1″	99.8	100.1
2″	72.7	72.8
3″	75.1	75.2
4″	71.2	71.3
5″	75.4	75.4
6″	167.0	170.0

6. 白藜芦醇苷

英文名称：Polydatin

CAS 号：65914 – 17 – 2

分子式：$C_{20}H_{22}O_8$

分子量：390.2

化学结构式见图 2 – 27。

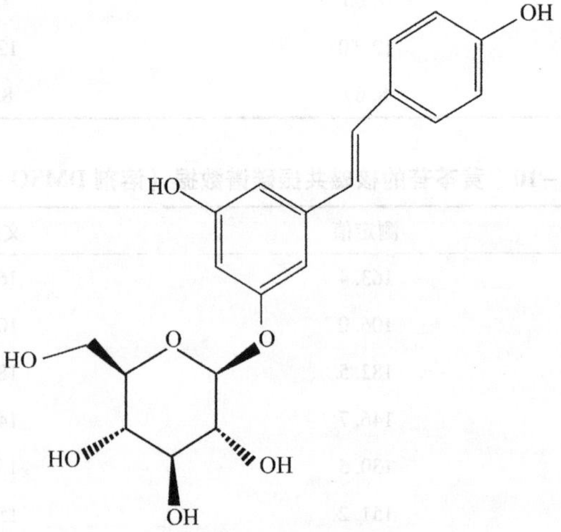

图 2 – 27　白藜芦醇苷的化学结构式

核磁共振数据见表 2 - 11、2 - 12，谱图见图 2 - 28、2 - 29。

表 2 - 11　白藜芦醇苷的核磁共振氢谱数据（溶剂 CD_3OD）

位置	测定值	文献值
2	6.80	6.73
4	6.46	6.43
6	6.63	6.82
7	7.02	7.00
2′, 6′	7.36	7.34
3′, 5′	6.77	6.74
1″	4.62	4.87

表 2 - 12　白藜芦醇苷的核磁共振碳谱数据（溶剂 CD_3OD）

位置	测定值	文献值
1	141.4	139.3
2	107.1	104.8
3	160.4	158.8
4	104.1	102.8
5	159.5	158.3
6	108.4	107.1
1′	130.0	128.0
2′, 6′	128.9	127.8
3′, 5′	116.5	115.5
4′	158.4	157.2
1″	102.4	100.7
2″	74.9	73.3
3″	78.2	77.1
4″	71.4	69.8
5″	78.0	76.7
6″	62.6	60.7

7. 白杨素

英文名称：Chrysin

CAS 号：480 - 40 - 0

分子式：$C_{15}H_{10}O_4$

分子量：254.0

化学结构式见图 2 - 30。

核磁共振数据见表 2 - 13、2 - 14，谱图见图 2 - 31、2 - 32。

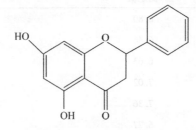

图 2 - 30　白杨素的化学结构式

表 2 - 13　白杨素的核磁共振氢谱数据（溶剂 DMSO $- d_6$）

位置	测定值	文献值
3	6.96	6.97
5 - OH	12.85	12.82
7 - OH	10.93	10.90
6	6.24	6.22
8	6.53	6.49
2′, 6′	8.06	8.06
3′, 4′, 5′	7.62	7.58

表 2 - 14　白杨素的核磁共振碳谱数据（溶剂 DMSO $- d_6$）

位置	测定值	文献值
2	163.8	163.7
3	105.8	102.8
4	182.5	182.6
5	162.1	161.2
6	99.7	98.8
7	165.1	164.2
8	94.8	94.0
9	158.1	157.3
10	104.6	104.6
1′	132.6	130.7
2′, 6′	129.8	128.5
3′, 5′	127.0	127.8
4′	131.4	132.0

8. 高良姜素

英文名称：Galangin

CAS 号：548 – 83 – 4

分子式：$C_{15}H_{10}O_5$

分子量：270.23

化学结构式见图 2 – 33。

核磁共振数据见表 2 – 15、2 – 16，谱图见图 2 – 34、2 – 35。

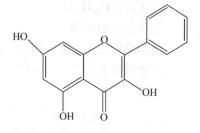

图 2 – 33 高良姜素的化学结构式

表 2 – 15 高良姜素的核磁共振氢谱数据（溶剂 DMSO – d_6）

位置	测定值	文献值
6	6.22	6.19
8	6.47	6.40
3′, 4′, 5′	7.50	7.48
2′, 6′	8.15	8.16

表 2 – 16 高良姜素的核磁共振碳谱数据（溶剂 DMSO – d_6）

位置	测定值	文献值
2	146.2	146.9
3	137.5	138.4
4	176.7	177.6
5	161.2	162.5
6	98.8	99.3
7	164.7	165.8
8	94.0	94.5
9	156.8	158.4
10	103.7	104.6
1′	131.4	132.6
2′, 6′	128.9	129.4
3′, 5′	128.0	128.7
4′	130.4	130.8

9. 葛根素

英文名称：Puerarin

CAS 号：3681 – 99 – 0

分子式：$C_{21}H_{20}O_9$

分子量：416.38

化学结构式见图2-36。

核磁共振数据见表2-17、2-18，谱图见图2-37、2-38。

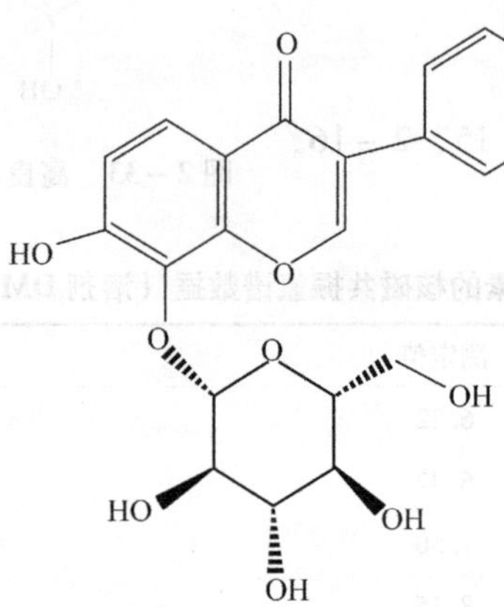

图2-36　葛根素的化学结构式

表2-17　葛根素的核磁共振氢谱数据（溶剂 DMSO - d_6）

位置	测定值	文献值
2	8.328	8.28
5	7.951	7.98
6	6.999	7.02
2′	7.391	7.40
3′	6.822	6.83
5′	6.822	6.83
6′	7.391	7.40
1″	4.829	4.90

表2-18　葛根素的核磁共振碳谱数据（溶剂 DMSO - d_6）

位置	测定值	文献值
2	153.09	152.7
3	123.61	123.1
4	175.47	175.3
5	126.78	126.4
6	115.52	115.0
7	161.58	160.9
8	113.10	112.3

续表

位置	测定值	文献值
4a	117.35	116.7
8a	156.63	156.1
1′	123.03	122.5
2′	130.51	130.0
3′	115.52	115.0
4′	157.61	156.8
5′	115.52	115.0
6′	130.51	130.0
1″	73.99	73.3
2″	70.94	70.7
3″	79.22	78.4
4″	70.94	70.1
5″	82.17	81.3
6″	61.86	61.1

10. 金丝桃苷

英文名称：Hyperoside

分子式：$C_{21}H_{20}O_{12}$

分子量：464.37

CAS 号：482－36－0

化学结构式见图 2－39。

核磁共振数据见表 2－19、2－20，谱图见图 2－40、2－41。

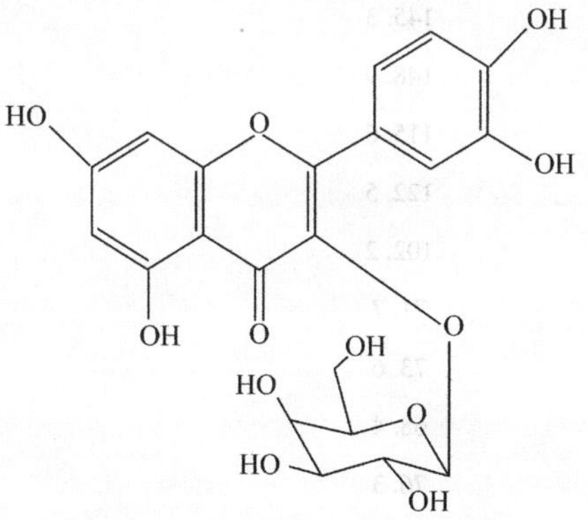

图 2－39 金丝桃苷的化学结构式

表 2-19　金丝桃苷的核磁共振氢谱数据（溶剂 DMSO-d_6）

位置	测定值	文献值
1″	5.38 (1H, d, J=7.2 Hz)	5.35 (1H, d, J=7.6 Hz)
6	6.21 (1H, brs)	6.15 (1H, brs)
8	6.41 (1H, brs)	6.35 (1H, brs)
5′	6.81 (1H, d, J=8.4 Hz)	6.80 (1H, d, J=8.5 Hz)
2′	7.53 (1H, brs)	7.53 (1H, brs)
6′	7.67 (1H, d, J=8.4 Hz)	7.66 (1H, d, J=8.5 Hz)
OH	12.64, 10.85, 9.72, 9.14 (4H, s, OH)	12.62 (1H, s, OH)

表 2-20　金丝桃苷的核磁共振碳谱数据（溶剂 DMSO-d_6）

位置	测定值	文献值
2	156.7	155.9
3	133.9	133.2
4	178.0	177.1
6	99.1	98.8
5, 7	161.7	161.0
8	93.9	93.5
9	156.7	156.2
10	104.4	103.3
1′	121.6	120.8
2′	115.6	115.0
3′	145.3	144.7
4′	148.9	148.5
5′	115.6	115.7
6′	122.5	122.4
1″	102.2	99.4
2″	71.7	71.7
3″	73.6	73.7
4″	68.4	68.4
5″	76.3	76.3
6″	60.6	60.6

11. 酪醇

英文名称：Tyrosol

CAS 号：501 - 94 - 0

分子式：$C_8H_{10}O_2$

分子量：138.16

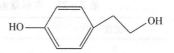

图 2 - 42 酪醇的化学结构式

化学结构式见图 2 - 42。

核磁共振数据见表 2 - 21、2 - 22，谱图见图 2 - 43、2 - 44。

表 2 - 21 酪醇的核磁共振氢谱数据（溶剂 DMSO - d_6）

位置	测定值	文献值*
2, 6	6.98 (2H, d, $J = 8.4$ Hz)	6.01 (2H, d, $J = 6.4$, 2.4 Hz)
3, 5	6.65 (2H, d, $J = 8.4$ Hz)	6.71 (2H, d, $J = 6.4$, 2.4 Hz)
8	3.51 (2H, m)	3.63 (2H, t, $J = 7.2$ Hz)
7	2.60 (2H, t, $J = 7.2$ Hz)	2.67 (2H, t, $J = 7.2$ Hz)
- OH	9.10, 4.55	-

注：*文献中氘代溶剂为丙酮。

表 2 - 22 酪醇的核磁共振碳谱数据（溶剂 DMSO - d_6）

位置	测定值	文献值*
1	129.4	129.7
2, 6	129.6	129.8
3, 5	114.9	114.9
4	155.4	155.6
8	62.6	63.2
7	38.3	38.5

注：*文献中氘代溶剂为丙酮。

12. 木犀草素

英文名称：Luteolin

CAS 号：491 - 70 - 3

分子式：$C_{15}H_{10}O_6$

分子量：286.2

化学结构式见图 2 - 45。

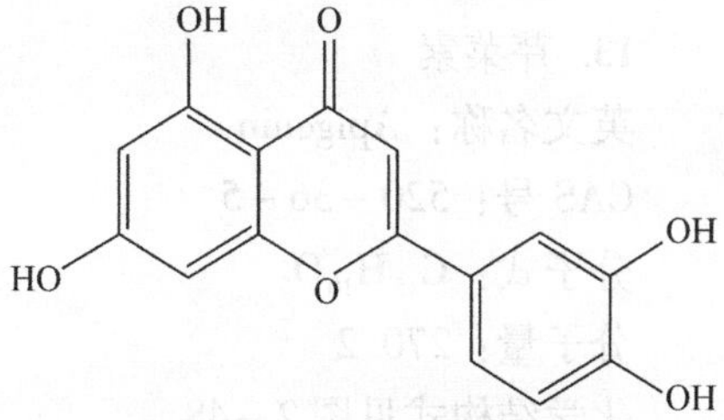

核磁共振数据见表 2 - 23、2 - 24，谱图见图 2 - 46、2 - 47。

图 2 - 45 木犀草素的化学结构式

表 2 – 23　木犀草素的核磁共振氢谱数据（溶剂 DMSO – d_6）

位置	测定值	文献值
3	6.69	6.66
6	7.44	6.47
8	6.22	6.43
2′	7.41	7.41
5′	6.92	6.88
6′	7.41	7.41
5 – OH	13.00	12.97
7 – OH	10.00	10.84

表 2 – 24　木犀草素的核磁共振碳谱数据（溶剂 DMSO – d_6）

位置	测定值	文献值
2	164.5	163.8
3	103.5	103.7
4	182.3	181.7
5	157.9	161.4
6	99.5	98.8
7	164.8	164.1
8	94.5	93.9
9	162.1	157.2
10	104.3	103.7
1′	119.6	121.5
2′	114.0	113.3
3′	150.4	145.7
4′	146.34	149.7
5′	116.7	116.1
6′	122.2	119.2

13. 芹菜素

英文名称：Apigenin

CAS 号：520 – 36 – 5

分子式：$C_{15}H_{10}O_5$

分子量：270.2

化学结构式见图 2 – 48。

核磁共振数据见表 2 – 25、2 – 26，谱图见图 2 – 49、2 – 50。

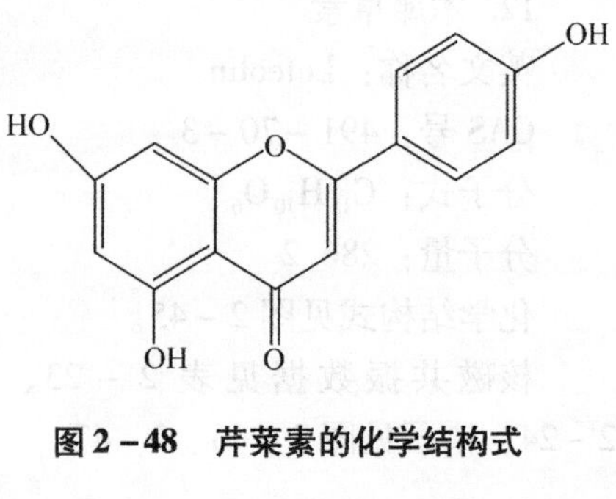

图 2 – 48　芹菜素的化学结构式

表 2 − 25 芹菜素的核磁共振氢谱数据（溶剂 DMSO − d_6）

位置	测定值	文献值
6	6.21	6.18
8	6.49	6.47
5 − OH	12.98	12.96
7 − OH	10.36	10.83
2′, 6′	7.94	7.92
3′, 5′	6.94	6.92
4′ − OH	10.84	10.35

表 2 − 26 芹菜素的核磁共振碳谱数据（溶剂 DMSO − d_6）

位置	测定值	文献值
2	164.1	163.5
3	102.8	102.6
4	181.8	181.7
5	157.3	161.0
6	94.0	98.9
7	163.7	164.0
8	98.8	98.9
9	161.5	161.3
10	103.7	103.4
1′	121.2	121.3
2′, 6′	128.5	128.7
3′, 5′	115.9	115.9
4′	161.2	161.2

14. 杨梅素

英文名称：Myricetin

CAS 号：529 − 44 − 2

分子式：$C_{15}H_{10}O_8$

分子量：318.1

化学结构式见图 2 − 51。

核磁共振数据见表 2 − 27、2 − 28，谱图见图 2 − 52、2 − 53。

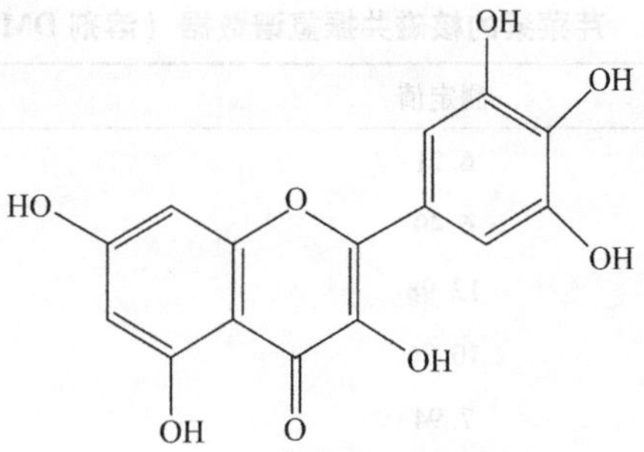

图 2 - 51　杨梅素的化学结构式

表 2 - 27　杨梅素的核磁共振氢谱数据（溶剂 DMSO - d_6）

位置	测定值	文献值
3 - OH	8. 90	10. 70
5 - OH	12. 5	12. 5
7 - OH	10. 87	10. 77
6	6. 26	6. 17
8	6. 46	6. 35
2′, 6′	7. 34	7. 23
3′, 4′, 5′	9. 47	9. 25

表 2 - 28　杨梅素的核磁共振碳谱数据（溶剂 DMSO - d_6）

位置	测定值	文献值
2	149. 7	146. 8
3	138. 7	135. 9
4	178. 6	178. 9
5	163. 6	161. 3
6	101. 0	98. 1
7	166. 7	163. 9
8	96. 1	93. 7
9	158. 9	156. 7
10	105. 8	103. 6
1′	123. 7	120. 8
2′, 6′	110. 0	108. 2
3′, 5′	148. 6	145. 7
4′	138. 7	135. 6

15. 野黄芩苷

英文名称：Scutellarin

CAS 号：27740 – 01 – 8

分子式：$C_{21}H_{18}O_{12}$

分子量：462.3

化学结构式见图 2 – 54。

核磁共振数据见表 2 – 29、2 – 30，谱图见图 2 – 55、2 – 56。

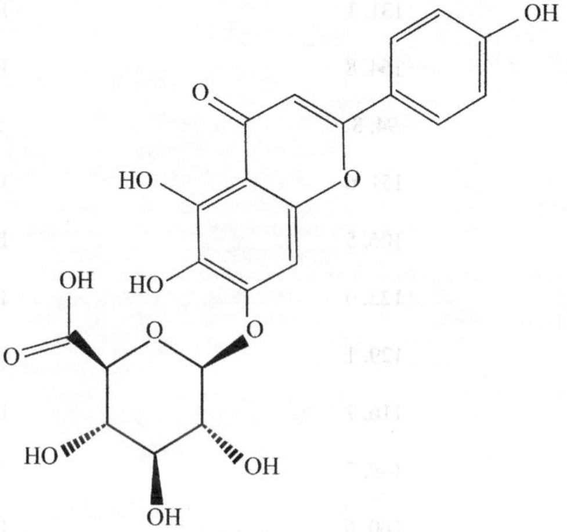

图 2 – 54　野黄芩苷的化学结构式

表 2 – 29　野黄芩苷的核磁共振氢谱数据（溶剂 DMSO – d_6）

位置	测定值	文献值
3	6.84	6.76
8	7.01	6.96
5 – OH	12.77	12.75
6 – OH	10.41	10.40
2′, 6′	7.96	7.94
3′, 5′	6.96	6.94
4′ – OH	8.64	8.63

表 2 – 30　野黄芩苷的核磁共振碳谱数据（溶剂 DMSO – d_6）

位置	测定值	文献值
2	161.9	161.4
3	103.2	102.7
4	183.0	182.5
5	147.5	147.0
6	131.1	130.6
7	164.8	164.2
8	94.3	93.7
9	151.6	151.1
10	106.5	106.0
1′	122.0	121.4
2′, 6′	129.1	128.6
3′, 5′	116.7	116.3
4′	149.7	149.2
1″	100.6	100.0
2″	73.5	72.9
3″	75.9	75.4
4″	72.0	71.4
5″	76.2	75.6
6″	170.7	170.2

16. 淫羊藿苷

英文名称：Icariin

CAS 号：489 – 32 – 7

分子式：$C_{33}H_{40}O_{15}$

分子量：676.65

化学结构式见图 2 – 57。

核磁共振数据见表 2 – 31、2 – 32，谱图见图 2 – 58、2 – 59。

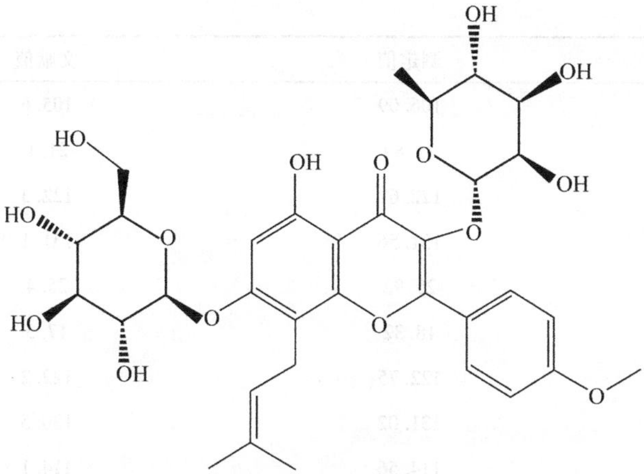

图 2-57　淫羊藿苷的化学结构式

表 2-31　淫羊藿苷的核磁共振氢谱数据（溶剂 DMSO-d_6）

位置	测定值	文献值
6	6.644	6.63
2′, 6′	7.905	7.94
3′, 5′	7.138	7.14
14	1.609	1.65
15	1.695	1.72
OCH₃	3.863	3.89
6″	0.795	0.80

表 2-32　淫羊藿苷的核磁共振碳谱数据（溶剂 DMSO-d_6）

位置	测定值	文献值
2	153.50	153.0
3	135.14	135.7
4	178.77	178.3
5	159.57	160.5
6	98.62	98.2
7	161.90	161.4
8	108.81	108.4
9	157.78	157.3

位置	测定值	文献值
10	106.09	105.6
11	21.89	21.1
12	122.62	122.3
13	131.56	131.1
14	25.92	25.4
15	18.32	17.5
1′	122.75	122.2
2′	131.02	130.5
3′	114.56	114.1
4′	161.00	160.5
5′	114.56	114.1
6′	131.02	130.5
1″	102.48	102.0
2″	70.55	70.4
3″	70.82	70.6
4″	70.17	69.7
5″	71.16	70.1
6″	17.92	17.9
1‴	101.06	100.6
2‴	73.58	73.4
3‴	77.10	76.7
4‴	71.61	71.2
5‴	77.68	76.7
6‴	61.14	60.7
–OMe	55.98	55.5

17. 柚皮苷

英文名称：Naringin

CAS 号：10236 – 47 – 2

分子式：$C_{27}H_{32}O_{14}$

分子量：580.55

化学结构式见图 2 – 60。

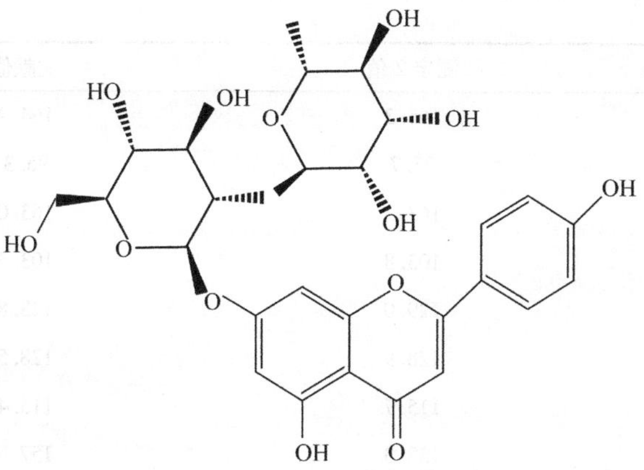

图 2 - 60　柚皮苷的化学结构式

核磁共振数据见表 2 - 33、2 - 34，谱图见图 2 - 61、2 - 62。

表 2 - 33　柚皮苷的核磁共振氢谱数据（溶剂 DMSO - d_6）

位置	测定值	文献值
5-OH	12. 05	12. 00
4′-OH	9. 64	9. 59
2′, 6′	7. 32	7. 31
3′, 5′	6. 79	6. 78
8	6. 11	6. 10
6	6. 08	6. 07
3	3. 19	3. 12
3	2. 75	2. 78
2	5. 52	5. 50
G-1	5. 32	5. 31
R-1	5. 13	5. 14

表 2 - 34　柚皮苷的核磁共振碳谱数据（溶剂 DMSO - d_6）

位置	测定2值	文献值
2	77. 6	78. 9
3	42. 5	42. 2
4	197. 7	197. 4
5	165. 2	163. 1
6	97. 9	96. 5

位置	测定2值	文献值
7	165.3	164.9
8	97.7	95.3
9	163.3	163.0
10	103.8	103.5
1′	129.0	128.8
2′, 6′	128.9	128.5
3′, 5′	115.7	115.4
4′	158.3	157.9
Glucose 1″	100.8	97.7
2″	77.3	77.3
3″	76.6	77.1
4″	70.0	69.8
5″	76.6	76.4
6″	60.9	60.7
Rhamnose 1‴	100.9	100.6
2‴	70.0	70.6
3‴	70.9	70.7
4‴	72.3	72.0
5‴	68.7	68.4
6‴	18.5	18.2

18. 柚皮素

英文名称：Naringenin

CAS 号：480 – 41 – 1

分子式：$C_{15}H_{12}O_5$

分子量：272.26

化学结构式见图 2 – 63。

核磁共振数据见表 2 – 35、2 – 36，谱图见图 2 – 64、2 – 65。

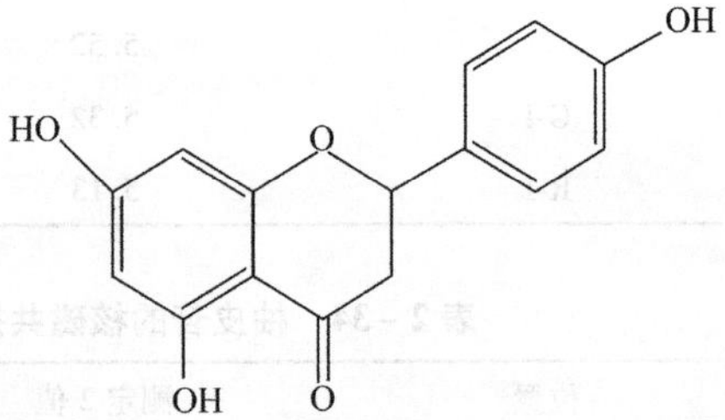

图 2 – 63　柚皮素的化学结构式

表 2 –35　柚皮素的核磁共振氢谱数据（溶剂 DMSO – d_6）

位置	测定值	文献值
2′, 6′	7.32	7.33
3′, 5′	6.79	6.80
8	5.89	5.87
2	5.44	5.46
3 – trans	3.34	3.32
3 – cis	2.69	2.70

表 2 –36　柚皮素的核磁共振碳谱数据（溶剂 DMSO – d_6）

位置	测定值	文献值
C = O	196.8	196.5
7	167.1	166.8
5	163.9	163.6
9	163.3	163.1
4	158.1	157.9
1	129.3	129.0
2	128.7	128.5
6	128.7	128.5
3	115.6	115.3
5	115.6	115.3
10	102.2	101.9
6	96.2	95.9
8	95.4	95.1
2	78.8	78.6
3	42.4	42.1

19. 二苯乙烯苷

英文名称：Stilbene glucoside

CAS 号：82373 – 94 – 2

分子式：$C_{20}H_{22}O_9$

分子量：406.39

化学结构式见图 2 – 66。

核磁共振数据见表 2 – 37、2 – 38，谱图见图 2 – 67、2 – 68。

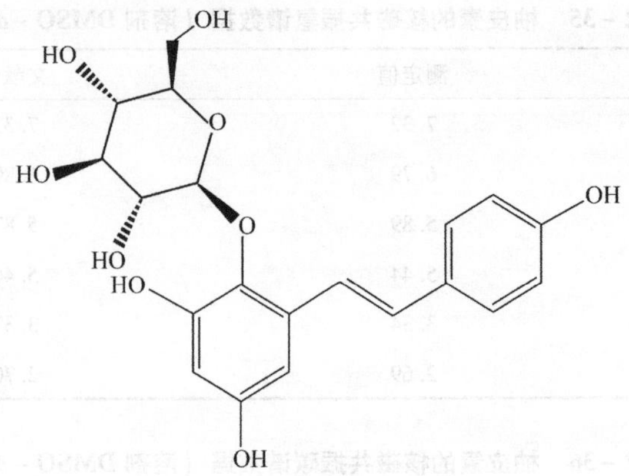

图 2-66　二苯乙烯苷的化学结构式

表 2-37　二苯乙烯苷的核磁共振氢谱数据（溶剂 CD_3COCD_3）

位置	测定值	文献值
4	6.271	6.31
6	6.652	6.69
α	6.942	6.96
β	7.686	7.78
2′	6.802	6.81
3′	7.444	7.47
5′	7.444	7.47
6′	6.802	6.81
1″	4.481	4.54

表 2-38　二苯乙烯苷的核磁共振碳谱数据（溶剂 CD_3COCD_3）

位置	测定值	文献值
1	120.92	121.3
2	136.98	137.3
3	151.23	151.5
4	102.62	103.2
5	154.94	155.3
6	106.90	107.3
α	129.57	130.0
β	132.44	132.9

位置	测定值	文献值
1′	129.57	129.2
2′	128.16	126.8
3′	115.46	116.0
4′	157.19	157.6
5′	115.46	116.0
6′	128.16	126.8
1″	101.30	102.0
2″	74.46	74.9
3″	76.93	77.5
4″	70.14	70.6
5″	77.06	77.5
6″	61.53	62.1

20. 表没食子儿茶素没食子酸酯

英文名称：Epigallocatechin gallate （EGCG）

CAS 号：989 - 51 - 5

分子式：$C_{22}H_{18}O_{11}$

分子量：458.38

化学结构式见图 2 - 69。

核磁共振数据见表 2 - 39、2 - 40，谱图见图 2 - 70、2 - 71。

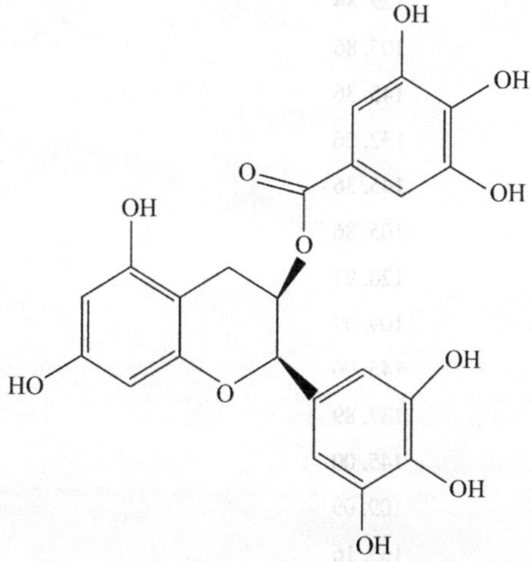

图 2-69　表没食子儿茶素没食子酸酯的化学结构式

表 2 - 39　表没食子儿茶素没食子酸酯的核磁共振氢谱数据（溶剂 $CD_3COCD_3 + D_2O$）

位置	测定值	文献值
2	5.007	5.067
3	5.413	5.562
4α	2.894	2.909
4β	2.985	3.004
6	6.021	6.062
8	5.991	6.036
2′	6.638	6.624
6′	6.638	6.624
2″	7.013	7.028
6″	7.013	7.028

表 2 - 40　表没食子儿茶素没食子酸酯的核磁共振碳谱数据（溶剂 $CD_3COCD_3 + D_2O$）

位置	测定值	文献值
2	77.19	78.10
3	68.37	69.28
4	25.76	26.64
5	156.22	157.46
6	95.58	96.54
7	156.89	157.78
8	94.93	95.87
9	156.58	157.72
10	98.15	99.09
1′	129.84	130.77
2′	105.86	106.81
3′	145.36	146.27
4′	132.26	133.17
5′	145.36	146.27
6′	105.86	106.81
1″	120.97	121.92
2″	109.09	110.04
3″	145.00	145.90
4″	137.89	138.79
5″	145.00	145.90
6″	109.09	110.04
7″	165.16	166.07

二、红外光谱技术

（一）技术原理

红外吸收光谱是物质的分子吸收了红外辐射后，引起分子中振动能级和转动能级的跃迁而形成的光谱，由于出现在红外区，所以称之为红外光谱（Infrared Spectrum，IR）。当一束具有连续波长的红外光通过物质，物质分子中某个基团的振动频率或转动频率和红外光的频率一样时，分子就吸收能量由原来的基态振（转）动能级跃迁到能量较高的振（转）动能级，分子吸收红外辐射后发生振动能级和转动能级的跃迁，该处波长的光就被物质吸收。所以，红外光谱法实质上是一种根据分子内部原子间的相对振动和分子转动等信息来确定物质分子结构和鉴别化合物的分析方法。

（二）应用实例

本节对上述核磁共振技术部分中同样的 20 种天然产物标准样品进行红外光谱分析，并对谱图进行数据解析，形成红外光谱应用实例。

（1）反式－阿魏酸

反式－阿魏酸的 IR（KBr），v，cm^{-1}：3433（－OH 伸缩振动），3016（－CH_3 伸缩振动），1688（C＝O 伸缩振动），1590、1512、1430（芳环骨架振动）。见图 2－67。

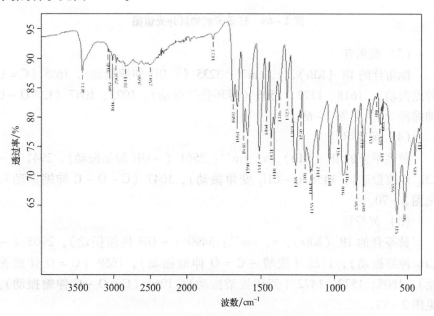

图 2－67 反式—阿魏酸的红外光谱图

（2）红景天苷

红景天苷的 IR（KBr），v，cm^{-1}：3227（-OH 伸缩振动），2933（-CH$_2$ 伸缩振动），1615、1597、1517（芳环骨架振动），1071、1011（C-O-C 伸缩振动）。见图 2-68。

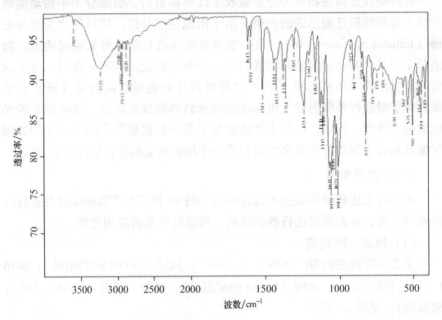

图 2-68　红景天苷的红外光谱图

（3）槐角苷

槐角苷的 IR（KBr），v，cm^{-1}：3235（-OH 伸缩振动），1653（C=O 伸缩振动），1618、1573、1505（芳环骨架振动），1072、1047（C-O-C 伸缩振动）。见图 2-69。

（4）黄芪甲苷

黄芪甲苷的 IR（KBr），v，cm^{-1}：3361（-OH 伸缩振动），2941（-CH$_2$ 伸缩振动），1458（-CH$_2$ 变角振动），1047（C-O-C 伸缩振动）。见图 2-70。

（5）黄芩苷

黄芩苷的 IR（KBr），v，cm^{-1}：3490（-OH 伸缩振动），2905（-CH$_2$ 伸缩振动），1725（羧酸-C=O 伸缩振动），1659（C=O 伸缩振动），1608，1572，1472（芳环骨架振动），1064（C-O-C 伸缩振动）。见图 2-71。

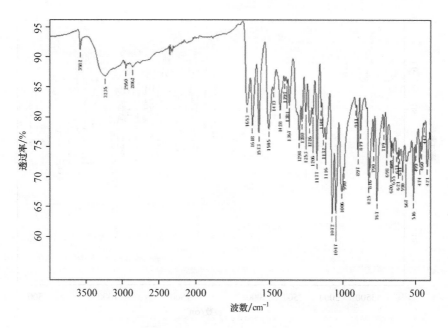

图 2 - 69 槐角苷的红外光谱图

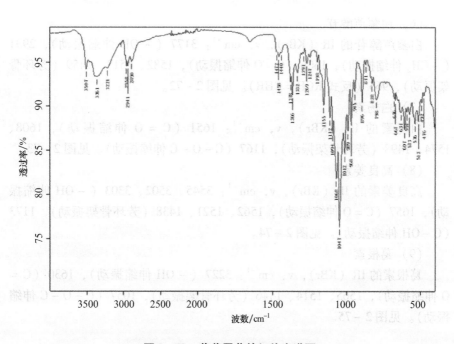

图 2 - 70 黄芪甲苷的红外光谱图

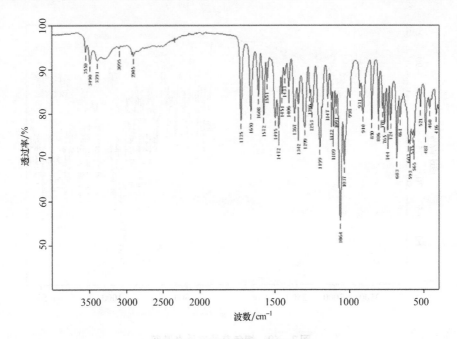

图 2 - 71　黄芩苷的红外光谱图

（6）白藜芦醇苷

白藜芦醇苷的 IR（KBr），v，cm⁻¹：3177（- OH 伸缩振动），2931
（- CH₂ 伸缩振动），1606（C = O 伸缩振动），1582、1513、1459（芳环骨
架振动），965（反式 RCH = CHR）。见图 2 - 72。

（7）白杨素

白杨素的 IR（KBr），v，cm⁻¹：1651（C = O 伸缩振动），1608、
1574、1498（芳环骨架振动），1167（C - O - C 伸缩振动）。见图 2 - 73。

（8）高良姜素

高良姜素的 IR（KBr），v，cm⁻¹：3545、3502、3303（- OH 伸缩振
动），1657（C = O 伸缩振动），1562、1521、1438（芳环骨架振动），1173
（C - OH 伸缩振动）。见图 2 - 74。

（9）葛根素

葛根素的 IR（KBr），v，cm⁻¹：3227（- OH 伸缩振动），1630（C =
O 伸缩振动），1565、1514、1446（芳环骨架振动），1057（C - O - C 伸缩
振动）。见图 2 - 75。

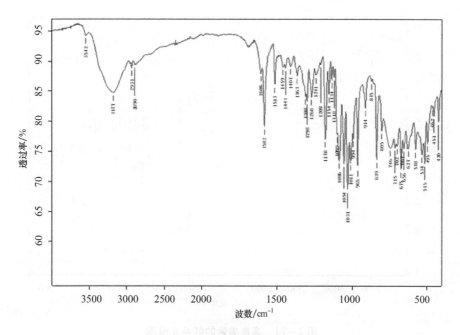

图 2 – 72　白藜芦醇苷的红外光谱图

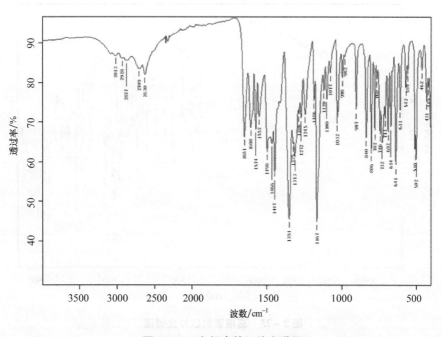

图 2 – 73　白杨素的红外光谱图

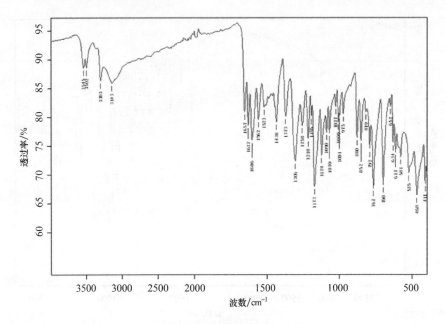

图 2 – 74 高良姜素的红外光谱图

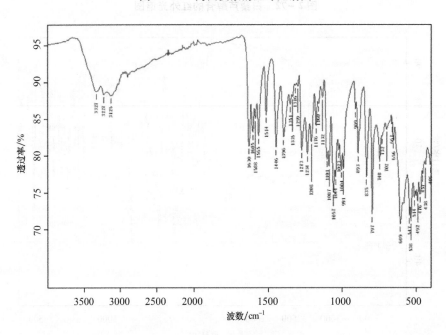

图 2 – 75 葛根素的红外光谱图

（10）金丝桃苷

金丝桃苷的 IR（KBr），v，cm^{-1}：3249（−OH 伸缩振动），1652（C＝O 伸缩振动），1600、1554、1501、1444（芳环骨架振动），1075（C−O−C 伸缩振动）。见图 2−76。

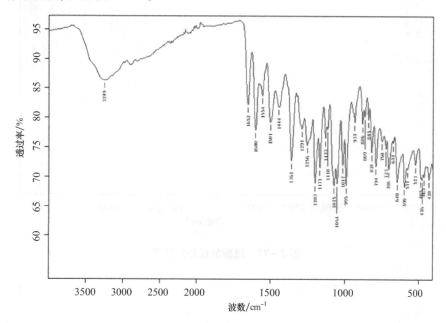

图 2-76 金丝桃苷的红外光谱图

（11）酪醇

酪醇的 IR（KBr），v，cm^{-1}：3381（−OH 伸缩振动），2927（−CH$_2$ 伸缩振动），1597、1509、1449（芳环骨架振动），1050（C−C 伸缩振动）。见图 2−77。

（12）木犀草素

木犀草素的 IR（KBr），v，cm^{-1}：3415（−OH 伸缩振动），1652（C＝O 伸缩振动），1598、1563、1498（芳环骨架振动），1161（C−OH 伸缩振动），1031（C−O−C 伸缩振动）。见图 2−78。

（13）芹菜素

芹菜素的 IR（KBr），v，cm^{-1}：3269（−OH 伸缩振动），3094（芳环＝C−H 伸缩振动），1650（C＝O 伸缩振动），1604、1555、1491（芳环骨架振动），1180（C−OH 伸缩振动），1031（C−O−C 伸缩振动）。见图 2−79。

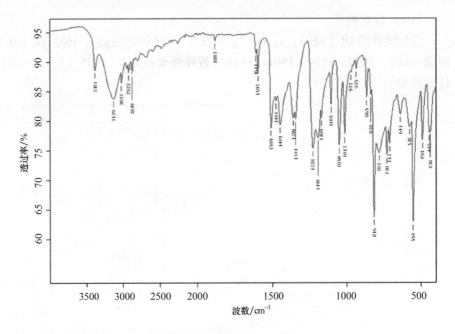

图 2 - 77　酪醇的红外光谱图

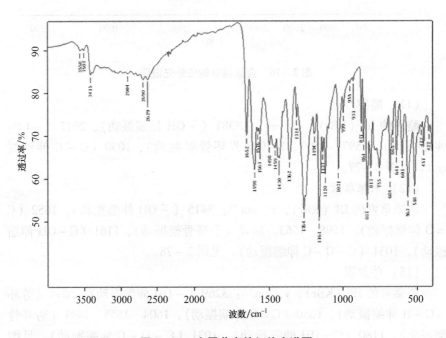

图 2 - 78　木犀草素的红外光谱图

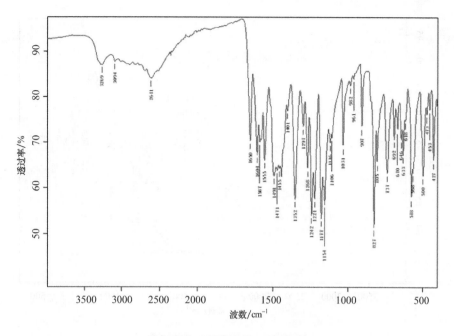

图 2-79 芹菜素的红外光谱图

（14）杨梅素

杨梅素的 IR（KBr），ν，cm^{-1}：3296（-OH 伸缩振动），1651（C=O 伸缩振动），1611、1551、1510（芳环骨架振动），1163（C-OH 伸缩振动），1023（C-O-C 伸缩振动）。见图 2-80。

（15）野黄芩苷

野黄芩苷的 IR（KBr），ν，cm^{-1}：3373（-OH 伸缩振动），2921（-CH_2 伸缩振动），1720（羧酸-C=O 伸缩振动），1659（C=O 伸缩振动），1608、1574、1497（芳环骨架振动），1183（C-OH 伸缩振动），1248、1041（C-O-C 伸缩振动）。见图 2-81。

（16）淫羊藿苷

淫羊藿苷的 IR（KBr），ν，cm^{-1}：3286（-OH 伸缩振动），2972（-CH_3 伸缩振动），2923（-CH_2 伸缩振动），1655（C=O 伸缩振动），1596、1509、1490（芳环骨架振动），1184（C-OH 伸缩振动），1258、1072（C-O-C 伸缩振动），952（反式 RCH=CHR）。见图 2-82。

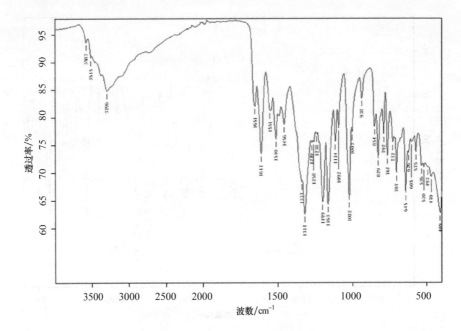

图 2 - 80　杨梅素的红外光谱图

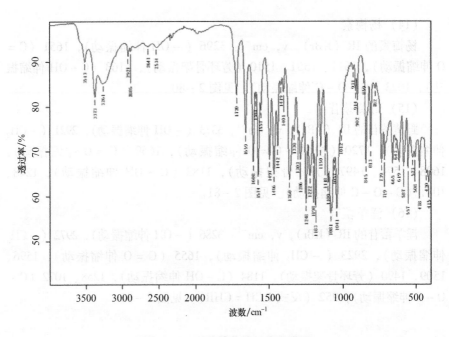

图 2 - 81　野黄芩苷的红外光谱图

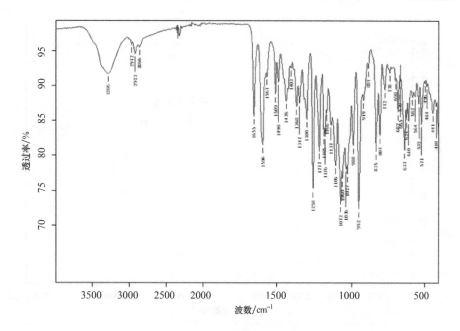

图 2 - 82 淫羊藿苷的红外光谱图

（17）柚皮苷

柚皮苷的 IR（KBr），v，cm^{-1}：3445（-OH 伸缩振动），2917（-CH$_2$ 伸缩振动），2884（-CH 伸缩振动），1644（C=O 伸缩振动），1581、1519、1442（芳环骨架振动），1176（C-OH 伸缩振动），1039（C-O-C 伸缩振动）。见图 2 - 83。

（18）柚皮素

柚皮素的 IR（KBr），v，cm^{-1}：3106（-OH 伸缩振动），2915（-CH$_2$ 伸缩振动），1625（C=O 伸缩振动），1599、1518、1496（芳环骨架振动），1154（C-OH 伸缩振动），1081（C-O-C 伸缩振动）。见图 2 - 84。

（19）二苯乙烯苷

二苯乙烯苷的 IR（KBr），v，cm^{-1}：3269（-OH 伸缩振动），2880（-CH 伸缩振动），1603（C=C 伸缩振动），1591、1513、1459（芳环骨架振动），1172（C-OH 伸缩振动），1062（C-O-C 伸缩振动），967（反式 RCH=CHR）。见图 2 - 85。

（20）表没食子儿茶素没食子酸酯

表没食子儿茶素没食子酸酯的 IR（KBr），v，cm^{-1}：3211（-OH 伸缩振动），1633（C=O 伸缩振动），1605、1511、1462（芳环骨架振动），1146（C-OH 伸缩振动），1010（C-O-C 伸缩振动）。见图 2 - 86。

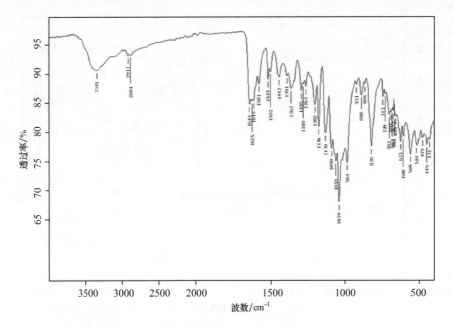

图2-83 柚皮苷的红外光谱图

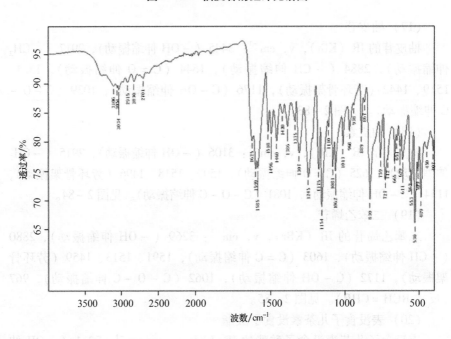

图2-84 柚皮素的红外光谱图

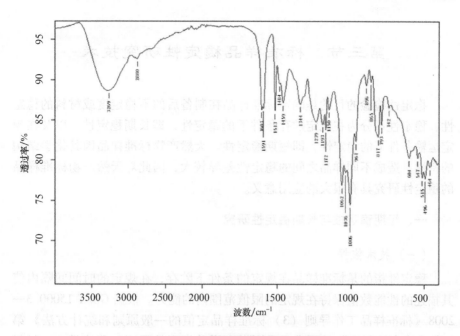

图 2-85 二苯乙烯苷的红外光谱图

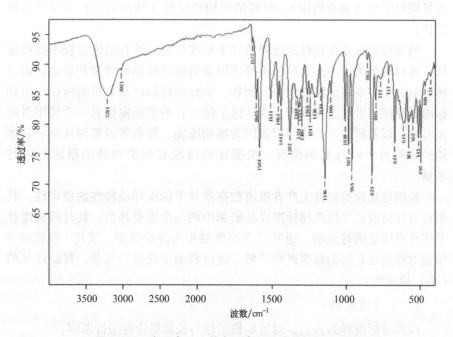

图 2-86 表没食子儿茶素没食子酸酯的红外光谱图

第三节　标准样品稳定性研究技术

稳定性检验的目的是确定标准样品在制备后的不稳定度或材料的稳定性，稳定性可分为在规定贮存条件下的稳定性，即长期稳定性，以及在规定运输条件下的稳定性，即短期稳定性。天然产物标准样品因其化学结构的特性，造成不同样品之间的稳定性差异较大，因此对天然产物标准样品的稳定性研究具有很大的应用意义。

一、短期稳定性与长期稳定性研究

（一）技术依据

稳定性指的是标准样品在规定的条件下贮存，在规定的时间间隔内使其描述的性能数值保持在规定的限值范围内的能力。根据 GB/T 15000.3—2008《标准样品工作导则（3）标准样品定值的一般原则和统计方法》第8章"稳定性研究"的要求，需要考察两种类型的（不）稳定性——材料的长期稳定性（如有效期）、材料的短期稳定性（如运输条件下材料的稳定性）。

短期稳定性是指在规定运输条件下标准样品特性在运输过程中的稳定性，其目的是为了考察短期的不确定因素对标准样品有效期的影响，而这种影响往往体现在运输过程中。例如，从标准样品研制单位的所在城市到标准样品使用者的所在城市，或从这个使用者的实验室到另一个使用者的实验室，以及研制单位或使用者因为冰箱除霜、断电等因素而从某一台冰箱转移到另一台冰箱等情况，根据这些情况对标准样品的稳定性进行考量。

长期稳定性是指在生产者规定贮存条件下标准样品特性的稳定性。长期稳定性检验是天然产物标准样品研制中的一个重要环节，其时间长度就是该标准样品的有效期。通常以直线模型作为经验模型，采用 t 检验和 F 检验对稳定性获得的数据进行分析。通过斜率变化是否显著，判断样品的（不）稳定性。

（二）应用实例

以酪醇标准样品为例，对短期稳定性与长期稳定性进行考察。

1. 短期稳定性

选取25℃避光为短期稳定性研究的保存条件，分别于 0h、4h、8h、

1d、2d、5d、7d 按先密后疏的取样方式对酪醇进行纯度分析。分析条件是色谱柱：Aglient ZORBAX SB－C_{18}（4.6×250 mm，5 μm）；流动相甲醇—水，0~20 min，25%甲醇（v/v）；流速 1.0 mL/min；柱温 30℃；运行时间 30 min；检测波长 274 nm。不同时间点测定的纯度值基本一致，说明在一周的时间内酪醇在 25℃避光保存条件下具有良好的稳定性（图 2－92）。

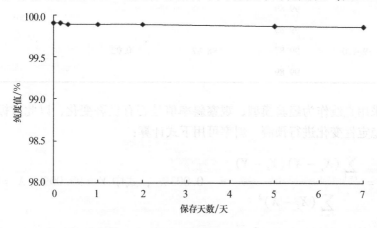

图 2－92　酪醇短期稳定性检验结果

2. 长期稳定性

样品分装后，选取 4℃冰箱冷藏为长期稳定性研究的保存条件，研究以一年为期，分别于 0、3、6、9、12 个月取样对酪醇进行纯度分析（表 2－41）。

表 2－41　酪醇长期稳定性检验结果

时间	测定结果/%	平均值/%	标准偏差	扩展不确定度/%（置信度95%）
2015－9－10	99.92	99.92	0.01	
	99.92			
	99.91			
2015－12－10	99.90	99.89	0.01	0.001
	99.88			
	99.89			
	99.89			
2016－3－10	99.92	99.91	0.02	
	99.93			

续表

时间	测定结果/%	平均值/%	标准偏差	扩展不确定度/%（置信度95%）
	99.89			
2016 - 6 - 10	99.88	99.89	0.01	
	99.89			0.001
	99.85			
2016 - 9 - 10	99.87	98.87	0.02	
	99.89			

采用直线作为经验模型，观察斜率值是否有显著变化，以此对标准样品的稳定性变化进行预测。斜率可用下式计算：

$$b_1 = \frac{\sum_{i=1}^{n}(X_i - \overline{X})(Y_i - \overline{Y})}{\sum_{i=1}^{n}(X_i - \overline{X})^2} = -0.003\%，式中 \overline{Y} = 99.00\%，\overline{X} = 6，$$

截距由下式计算：$b_0 = \overline{Y} - b_1\overline{X} = 99.89\% + 0.003\% \times 6 = 99.91\%$，直线上的点的标准偏差可由下式计算：

$$s^2 = \frac{\sum_{i=1}^{n}(Y_i - b_0 - b_1X_i)^2}{n - 2}，$$

取其平方根 $s = 0.14\%$，与斜率相关的不确定度用下式计算：

$$s(b_1) = \frac{s}{\sqrt{\sum_{i=1}^{n}(X_i - \overline{X})}} = \frac{0.14\%}{\sqrt{90}} = 0.015\%，$$

自由度为 $n - 2$ 和 $P = 0.95$（95%置信水平）的分布 t 因子等于3.128，由于 $|b_1| < t_{0.95, n-2} \cdot s(b_1) = 3.128 \times 0.015\% = 0.047\%$，故斜率是不显著的，因而未观测到该样品的不稳定性。$t = 12$ 个月的长期稳定性的不确定度为：$U_{lts} = s_{b1} \cdot t = 0.015\% \times 12 = 1.77 \times 10^{-3}$。

二、加速稳定性检验

（一）技术依据

对于标准样品研制来说，通常的做法是优先研制出少量样品，并对该样品进行稳定性检验，确定稳定性良好后再大量制备样品。在天然产物标准样品申报审查过程中，标准样品的稳定性研究时间通常不能少于12个月，稳定性不好或尚不明确的样品不会立项。然而，在实际工作过程中，标准样品研制单位考虑到审批过程也需要时间，为获得足够的样品有效期，常进行 24 个月以上的稳定性研究。

为了能够预先评估标准样品的稳定性和有效期，加快标准样品研制和审批进度，笔者参考 2015 年《中华人民共和国药典》第四部通则 9001《原料药物与制剂稳定性试验指导原则》，提出天然产物标准样品加速稳定性试验的建议。加速试验指在超常条件下进行的稳定性实验，目的是通过加快市售包装中药品的化学或物理变化速度来考察药品稳定性，对药品在运输、保存过程中可能会遇到的短暂的超常条件下的稳定性进行模拟考察，并初步预测样品在规定的贮存条件下的长期稳定性。

药品的稳定性检验是在接近药品的实际贮存条件下进行的，可为制订药品的有效期提供依据。一般情况下，以长期试验的结果为依据，取长期试验中与 0 月数据相比无明显改变的最长时间点为有效期。但是，对于药品来说，在加速条件下进行的加速稳定性试验，可以在较短的时间内了解原料或制剂的化学、物理和生物学方面的变化，为制剂设计、质量评价和包装、运输、贮存条件等提供试验依据，并可初步预测药品的稳定性。在新药申报阶段，仿制药的申请需呈交 40℃ 和相对湿度为 75% 的条件下 3 个月的数据，等效于 24 个月的临时有效期。除仿制药外，美国食品药品监督管理局（Food and Drug Administration，FDA）规定可将加速试验数据作为有效期的参考。对于申报临床研究的新药，也要求提供 6 个月的加速试验资料。

参考药品稳定性的相关研究资料，笔者提出了天然产物标准样品加速稳定性检验方案，并在肉桂醛、樱花素、长梗冬青苷、水苏糖、β-谷甾醇 5 个天然产物标准样品的研制过程中进行了探索性应用。

（二）应用实例

1. 研究方法

分装：肉桂醛分装于棕色塑料样品瓶中，充氮，锡箔膜袋包装，每个包装 20 mg。樱花素、长梗冬青苷、水苏糖和 β-谷甾醇均分装于 2 mL 棕色玻璃样品瓶中，容量分别为 5 mg、5 mg、10 mg、10 mg。

外观描述：在检测样品纯度时，观察每个样品的外观。结果是每个测定点的样品外观均与分装前一致。肉桂醛为黄色黏稠状液体，樱花素为无色针状结晶，长梗冬青苷为白色粉末，水苏糖为无色块状结晶，β-谷甾醇为白色柔软柱状晶体。

样品溶液配制：精密称取肉桂醛样品 1 mg，加乙腈溶解并定容于

10 mL量瓶中，过0.45 μm微孔滤膜，得到0.1 g/L样品溶液。精密称取樱花素样品5 mg，加甲醇溶解并定容于5 mL量瓶中，过0.45 μm微孔滤膜，得到1.0 g/L样品溶液。精密称取长梗冬青苷样品5 mg，加甲醇溶解并定容于5 mL量瓶中，过0.45 μm微孔滤膜，得到1.0 g/L样品溶液。精密称取水苏糖样品1 mg，加乙腈溶解并定容于10 mL量瓶中，过0.45 μm微孔滤膜，得到0.1 g/L样品溶液。精密称取β-谷甾醇样品1 mg，加甲醇定容于5 mL量瓶中，过0.45 μm微孔滤膜，得0.2 g/L样品溶液。

分析条件：肉桂醛的色谱条件为迪马 Diamonsil – C_{18}（2）色谱柱（4.6 × 150 mm，5 μm），流动相乙腈—水（35：65，v/v），流速1.0 mL/min，柱温30℃，检测波长283 nm，进样量10 μL。樱花素的色谱条件为迪马 Diamonsil – C_{18}（2）（4.6×150 mm，5 μm），流动相甲醇—水（60：40，v/v），流速1.0 mL/min，柱温25℃，检测波长288 nm，进样量10 μL。长梗冬青苷的色谱条件为迪马 Diamonsil – C_{18}（2）色谱柱（4.6×150 mm，5 μm），流动相乙腈—水（32：68，v/v），流速1.0 mL/min，柱温30℃，检测波长210 nm，进样量20 μL。水苏糖的色谱条件为 Prevail carbonhydrate ES 色谱柱（4.6×150 mm，5 μm），流动相乙腈—水（65：35，v/v），流速1.0 mL/min，柱温30℃；ELSD条件为漂移管温度95℃，载气流速2.5 mL/min，进样量5 μL。β-谷甾醇的色谱条件为 Kromasil 100 – 5C_{18}色谱柱（4.6×250 mm，5 μm），流动相甲醇—水（99：1，v/v），流速1.0 mL/min，柱温30℃；ELSD条件为漂移管温度80 ℃，载气流速1.6 L/min，进样量10 μL。纯度计算方法均为峰面积归一化法。

长期稳定性检验：根据 GB/T 15000.3—2008《标准样品工作导则（3）标准样品定值的一般原则和统计方法》第8章"稳定性研究"的要求，将样品置于4℃的冰箱中冷藏2年，分别于分装之日起第0、1、2、3、6、9、12、18、24个月随机各取出3个样品进行纯度测定。

加速稳定性检验：采用的贮存条件为40℃和相对湿度75%。每个标准样品各取20个样品瓶，放置于恒温、恒湿箱中。在温度40（±2)℃、相对湿度75（±5)%的条件下放置6个月，分别于分装之日起第0、1、2、3、6个月时取3个样品进行纯度测定。

2. 研究结果

结果见表2–42、图2–93、表2–43、图2–94。

表 2－42　5 个标准样品长期稳定性检验测定结果

月	肉桂醛/%	樱花素/%	长梗冬青苷/%	水苏糖/%	β-谷甾醇/%
0	98.48，98.50，98.49	99.98，99.98，99.97	99.63，99.59，99.61	99.71，99.73，99.74	95.51，95.69，95.40
1	98.44，98.42，98.51	99.96，99.97，99.96	99.62，99.59，99.62	99.70，99.66，99.73	95.62，95.51，95.76
2	98.67，98.64，98.73	99.97，99.98，99.97	99.64，99.73，99.69	99.67，99.72，99.73	95.63，95.65，95.66
3	98.47，98.56，98.50	99.98，99.98，99.98	99.62，99.62，99.63	99.71，99.79，99.68	95.42，95.45，95.37
6	98.47，98.45，98.53	99.98，99.98，99.97	99.52，99.57，99.59	99.76，99.67，99.73	95.88，95.52，95.56
9	98.48，98.55，98.39	99.98，99.97，99.97	99.53，99.54，99.52	99.67，99.70，99.69	95.47，95.52，95.30
12	98.49，98.38，98.49	99.98，99.99，99.98	99.62，99.59，99.63	99.69，99.68，99.76	95.47，95.50，95.38
18	98.49，98.51，98.43	99.98，99.98，99.96	99.62，99.63，99.58	99.72，99.68，99.75	95.32，95.63，95.76
24	98.49，98.42，98.34	99.98，99.96，99.97	99.64，99.64，99.63	99.72，99.73，99.75	95.56，95.40，95.70

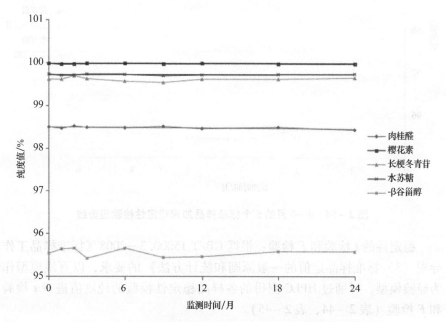

图 2－93　0—24 月的 5 个标准样品长期稳定性检验趋势线

表2-43 5个标准样品加速稳定性检验测定结果

月	肉桂醛/%	樱花素/%	长梗冬青苷/%	水苏糖/%	β-谷甾醇/%
0	98.48，98.50，98.49	99.98，99.98，99.97	99.63，99.59，99.61	99.71，99.73，99.74	95.51，95.69，95.40
1	98.44，98.42，98.52	99.97，99.97，99.97	99.65，99.60，99.70	99.79，99.69，99.67	95.66，95.45，95.58
2	98.49，98.43，98.50	99.98，99.97，99.97	99.68，99.69，99.78	99.72，99.68，99.73	95.66，95.66，95.61
3	98.50，98.44，98.48	99.98，99.98，99.98	99.64，99.64，99.63	99.76，99.71，99.68	95.43，95.38，95.40
6	98.43，98.51，98.43	99.97，99.97，99.97	99.74，99.52，99.61	99.69，99.74，99.70	95.56，95.49，95.55

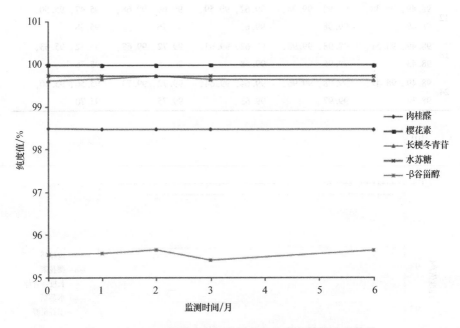

图2-94 0—6月的5个标准样品加速稳定性检验趋势线

稳定性的 t 检验和 F 检验：根据 GB/T 15000.3—2008《标准样品工作导则（3）标准样品定值的一般原则和统计方法》的要求，以直线模型作为经验模型，对通过 HPLC 测得的各样品稳定性检验的纯度值进行 t 检验和 F 检验（表2-44、表2-45）。

表2-44　五个标准样品稳定性的 t 检验

标准样品	加速稳定性		长期稳定性	
	$\mid b_1 \mid$	$t_{0.95, n-2}$	$\mid b_1 \mid$	$t_{0.95, n-2}$
肉桂醛	0.003 96	0.005 01	0.001 900	0.002 3
樱花素	0.000 85	0.004 08	0.000 091	0.000 9
长梗冬青苷	0.001 64	0.032 98	0.000 145	0.004 7
水苏糖	0.002 64	0.006 76	0.000 315	0.001 7
β-谷甾醇	0.007 74	0.067 00	0.001 400	0.010 0

注：$\mid b_1 \mid$ 表示直线斜率。

表2-45　五个标准样品稳定性的 F 检验

标准样品	加速稳定性			长期稳定性		
	F	$F_{0.05}$ (1, 4)	$u_{sts}/\%$	F	$F_{0.05}$ (1, 7)	$u_{lts}/\%$
肉桂醛	6.785		0.009	4.548		0.020
樱花素	0.438	7.71	0.010	0.080	5.59	0.010
长梗冬青苷	0.025		0.060	0.040		0.005 032
水苏糖	3.360		0.013	0.244		0.017
β-谷甾醇	0.133		0.130	0.116		0.100

注：u_{sts} 和 u_{lts} 分别表示加速稳定性的不确定度、长期稳定性的不确定度。

　　自由度为 $n-2$ 和 $P=0.95$（95% 置信水平）的 t 因子等于 2.37。由于 5 个标准样品加速稳定性和长期稳定性的 t 检验结果均为 $\mid b_1 \mid < t_{0.95, n-2} \times s(b_1)$，故斜率是不显著的，未观测到不稳定性，从而确定了这些标准样品在温度 40（±2）℃ 和相对湿度 75（±5）% 的加速稳定性条件下，在 6 个月内是稳定的。在 4℃ 的长期稳定性条件下，在 24 个月内是稳定的。这一结果说明在以上两种稳定性条件下，这 5 个标准样品的稳定性均良好。

　　通过线性回归的方差分析，加速稳定性检验和长期稳定性检验的直线回归方程的拟合度均较好。加速稳定性经直线回归的方差分析得到的 F 小于方差分析临界值 $F_{0.05}$（1, 4）=7.71，所以可以确定 5 个标准样品在温度 40（±2）℃ 和相对湿度 75（±5）% 的条件下，在 6 个月内是稳定的。长期稳定性经直线回归的方差分析得到 F 小于方差分析临界值 $F_{0.05}$（1, 7）=5.59。所以，可以确定 5 个标准样品在 4℃ 的条件下，在 24 个月内是稳定的。肉桂醛、樱花素、长梗冬青苷、水苏糖、β-谷甾醇长期稳定性检验的不确定度分别为 0.020%、0.010%、0.050%、0.017%、0.100%，加速稳定性检验的不确定度分别为 0.009%、0.010%、0.060%、

0.013%、0.130%。

两独立样本的 Mann-Whitney U 检验假设加速稳定性检验和长期稳定性检验之间的稳定性无差异，用 SPSS 20.0 软件对加速稳定性和长期稳定性两个独立样本进行 Mann-Whitney U 分析，得出两者之间的关系。肉桂醛、樱花素、长梗冬青苷、水苏糖、β-谷甾醇的 Mann-Whitney U 检验分析结果显示，显著性水平分别为 0.6993、1.0000、0.1119、0.8981、0.8981，P 均 >0.05，故不拒绝原假设，保留原假设，由此认为肉桂醛、樱花素、长梗冬青苷、水苏糖、β-谷甾醇加速稳定性检验和长期稳定性检验的稳定性无差异。

3. 研究结论

通过分别开展长期稳定性检验和加速稳定性检验，结合趋势分析，以及 t 检验、F 检验、Mann-Whitney U 检验，笔者认为，长期稳定性检验和加速稳定性检验之间未发现显著性差异。鉴于在药品和保健品的申报中，3 个月或 6 个月的加速稳定性检验可以反映产品在 24 个月的长期稳定性。因此，建议在天然产物标准样品的研制过程中采用最长 6 个月的加速稳定性检验，以预判 24 个月的长期稳定性。

第三章 典型天然产物标准样品研制示范

GB/T 15000—1994《标准样品工作导则（2）标准样品常用术语及定义》中载明：标准样品（Reference Material，RM）是指具有足够均匀的一种或多种化学的、物理的、生物学的、工程技术的或感官的性能特征，经过技术鉴定，并附有说明有关性能数据的证书的一批样品。有证标准样品（Certified Reference Material，CRM）是指具有一种或多种性能特征，经过技术鉴定附有说明上述性能特征的证书，并经国家标准化管理机构批准的标准样品。

本章精选了9种具有典型结构的有证标准样品作为研制示范的案例，对具有瓶颈性特征的天然产物标准样品研制工作有一定参考价值。选取的天然产物具有立体异构体、无紫外吸收、紫外只有末端吸收、相对不稳定、液体、较大分子量等特征，并考虑到食品、香料、医药、饲料、工业原材料等行业以及在进出口检验等方面的需求，根据标准样品的结构类型分别介绍具体研制过程。

第一节 典型黄酮类标准样品樱花素研制示范

一、概况

黄酮类化合物是一类存在于自然界的具有 2-苯基色原酮结构的化合物。它们的分子中有一个酮式羰基，第一位上的氧原子具有碱性，能与强酸成盐，其羟基衍生物多具黄色，故又称黄碱素或黄酮。樱花素是一种二氢黄酮类成分，该标准样品的研制任务来源于国家标准化管理委员会制订的 2012 年国家标准样品研复制计划（S2012088）。樱花素主要存在于杨柳科杨属植物毛白杨（*Populus tomentosa* Carr.）、菊科植物飞机草（*Eupatorium odoratum* L.）的全草、菊科植物圆头蒿（*Artemisia sphaerocephala* Krasch.）等的种子以及蜂胶中。樱花素具有抗变态反应作用，可通过增加对 PPARγ2 的表达来诱导 3T3－L1 细胞，并能选择性地抑制 5-脂肪氧化酶活性，还对谷类植物具有黄酮抗毒素作用。樱花素标准样品通过对毛白杨的树皮进行有机溶剂提取，利用硅胶柱层析等进行分离，经重结晶，获得樱花素单体化合物。依据 GB/T 15000《标准样品工作导则》对制备得到的樱花素进行均匀性、稳定性检验，最后通过多家实验室联合定值给出纯度的标准值（表 3 - 1）。

表 3 - 1 樱花素基本信息

英文名称：Sakuranetin	
CAS 号：2957 - 21 - 3	
分子式：$C_{16}H_{14}O_5$	
分子量：286.08	
化学结构式见右图	

二、制备及表征技术

1. 样品制备

刮去毛白杨新鲜的粗皮，粉碎，称重 4.8 kg，以石油醚（60～90℃）提取 3 次，每次 1 h，过滤，取滤液。药渣晾干后以甲醇提取 3 次，每次 1 h，过滤，将甲醇提取液减压浓缩，得浸膏 432.5 g。该浸膏加入 2.5 L 蒸馏水混悬后，依次以石油醚、乙酸乙酯、正丁醇萃取，减压回收溶剂，分别得到石油醚（38 g）、乙酸乙酯（79 g）、正丁醇（192 g）和水溶液。其中乙酸乙酯（79 g）经硅胶柱色谱分离，依次以石油醚—乙酸乙酯混合溶剂（60∶1，40∶1，20∶1，10∶1，5∶1，2∶1，v/v）、氯仿—乙酸乙酯混合溶剂（10∶1，5∶1，2∶1，1∶1，v/v）、氯仿—甲醇（20∶1，10∶1，5∶1，3∶1，2∶1，1∶1，v/v）洗脱，每 150 mL 为 1 馏分，在石油醚—乙酸乙酯（5∶1，v/v）中得到樱花素（6.2 g）。

2. 纯度分析

液相色谱分析：采用 Shimadzu LC - 20AT 型高效液相色谱仪、迪马 Diamonsil - C_{18}（2）色谱柱（4.6 × 150 mm，5 μm）。流动相为甲醇—水（60∶40，v/v）；流速 1.0 mL/min；柱温 25℃；检测波长 288 nm（图 3 - 1）。

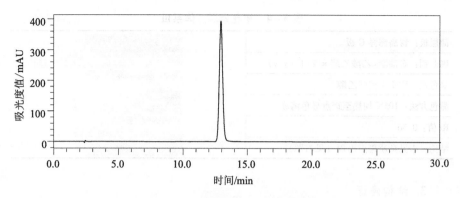

图 3 – 1　樱花素的 HPLC 谱图

薄层色谱分析：采用 3 种展开体系进行检测，点样量分别为 20 μg、40μg、60 μg、80 μg、100 μg（表 3 – 2 ~ 表 3 – 4）。

表 3 – 2　樱花素展开体系 Ⅰ

薄层板：青岛海洋 G 板	
展开剂：正己烷：氯仿：丙酮：甲酸 = 10 : 8 : 2 : 0.1（v/v）	
显色剂：10% 磷钼酸乙醇	
显色方法：105℃加热至斑点显色清晰	
Rf 值：0.58	
结论：未见杂质斑点出现（见右图）	

表 3 – 3　樱花素展开体系 Ⅱ

薄层板：青岛海洋 G 板	
展开剂：甲苯：乙酸乙酯：甲酸 = 10 : 2 : 1（v/v）	
显色剂：10% 磷钼酸乙醇	
显色方法：105℃加热至斑点显色清晰	
Rf 值：0.65	
结论：未见杂质斑点出现（见右图）	

表 3 - 4　樱花素展开体系Ⅲ

薄层板：青岛海洋 G 板	
展开剂：石油醚∶乙酸乙酯 = 2∶1 （v/v）	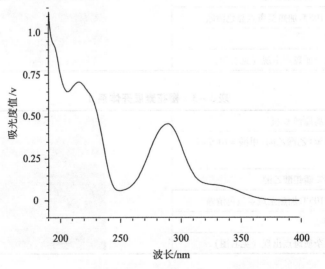
显色剂：10% 磷钼酸乙醇	
显色方法：105℃ 加热至斑点显色清晰	
Rf 值：0.56	
结论：未见杂质斑点出现（见右图）	

3. 结构确证

旋光度分析：依据 2010 年版《中华人民共和国药典》二部附录Ⅵ E，测定环境温度：25℃；测定环境湿度：32% RH；采用钠光谱 D 线（589.3 nm）测定，测定管长度：1 dm；检测仪器名称及型号：PE Model 343 旋光仪；溶剂：甲醇；浓度：0.5 g/100 mL；比旋度：−2.4°。

元素分析：樱花素的分子式为 $C_{16}H_{14}O_5$，元素分析的计算值：C 67.13%，H 4.90%；测定值：C 67.00%，H 5.01%；测定值与计算值一致。

紫外—可见光谱分析：樱花素的紫外—可见光谱见图 3 - 2。溶剂：甲醇。$UV_{\lambda max}$：UV 289 nm。

图 3 - 2　樱花素的紫外—可见光谱谱图

红外光谱分析：樱花素样品，溴化钾压片，扫描范围 400 cm^{-1} ~ 4000 cm^{-1} 测定红外光谱，见图 3 - 3。IR （KBr），v，cm^{-1}：3250 （−OH 伸缩振动），1637 （C = O），1612，1499，1444 （芳环骨架振动），1164，1086

（C—O—C 伸缩振动）。

质谱分析：樱花素的质谱数据见图 3 - 4，HR - ESI - MS：［M - H］ - =285. 07675（C$_{16}$H$_{13}$O$_5$，Calcd. for 285.0763），与樱花素的分子式符合。

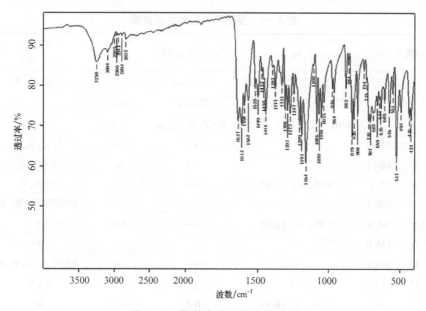

图 3 - 3　樱花素的红外光谱谱图

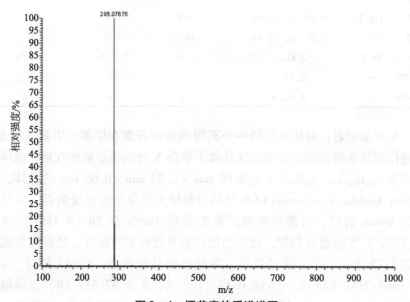

图 3 - 4　樱花素的质谱谱图

核磁共振分析：以氘代氯仿为溶剂，进行^{1}H-NMR 和^{13}C-NMR 分析，测定结果见图 3-6、图 3-7、图 3-8、图 3-9、图 3-10，并对其进行了归属，归属结果见表 3-5。

表 3-5　樱花素的核磁共振数据

位置	δ_C	δ_H	$^1H - ^1H$ COSY	HMQC (H→C)	HMBC (C→H)
2	79.0	5.35, dd, (2.8, 13.2)	H-3$_{3.10,}$	C-2	3$_{3.10}$, 2′, 6′
3	43.2	2.79, dd, (2.8, 17.2)	H-3$_{3.10}$	C-3	—
		3.10, dd, (13.2, 17.2)	H-2, H-3$_{2.79}$	C-3	—
4	196.2	—	—	—	3$_{3.10}$, 3$_{2.79}$
5	164.1	—	—	—	5-OH, 6
6	95.1	6.05, d, (2.0)	—	C-6	5-OH, 8
7	168.1	—	—	—	7-OCH$_3$, 5-OH, 6
8	94.3	6.08, d, (2.0)	—	C-8	6
9	163.0	—	—	—	8
10	103.1	—	—	—	5-OH, 3$_{2.79}$, 6, 8
1′	130.5	—	—	—	3′, 5′
2′	128.0	7.33, d, (8.4)	H-3′	C-2′	6′
3′	115.7	6.89, d, (8.4)	H-2′	C-3′	2, 5′
4′	156.2	—	—	—	2′, 3′, 5′, 6′
5′	115.7	6.89, d, (8.4)	H-6′	C-5′	2, 3
6′	128.0	7.33, d, (8.4)	H-5′	C-6′	2′
7-OCH$_3$	55.7	3.81, s	—	7-OCH$_3$	7-OCH$_3$
5-OH	—	12.03, s	—	—	—
4′-OH	—	5.53, s	—	—	2′, 6′

X-单晶衍射：对从毛白杨中分离得到的樱花素在甲醇—甲苯（室温）中进行重结晶得到的完好单晶样品做了单晶 X 射线衍射数据收集，晶体分子式为 $C_{16}H_{14}O_5$。选取尺寸为 0.60 mm × 0.80 mm × 0.60 mm 的晶体，在 Agilent Xcalibur-Eos-Gemini CCD 单晶衍射仪上收集衍射强度数据。实验条件为 MoKα 射线，石墨单色器。首先采用 Matrix 在 2θ（3.1895° < θ < 29.2672°）方向做 ω 扫描，获得初始晶胞参数和定向矩阵，最后用数据收集的 3272 个衍射点，通过最小二乘精修的晶胞参数：a = 12.8531（12）Å，b = 5.7141（3）Å，c = 18.0355（12）Å，β = 97.333（8）°，晶胞体积 V = 1313.77（16）Å3。衍射强度的收集采用 ω 扫描方式，对倒易空间

h 为 –13 ~ 15、k 为 –7 ~ 7、l 为 –21 ~ 22 范围共收集到衍射数据 10209 个。对衍射强度进行了 PL 校正和经验吸收校正。将 F0 > 4σF0 的衍射视为可观测点和数据合并以后，共 2571（Rint = 0.0246）个独立衍射用于晶体结构测定和修正（图 3 – 11、表 3 – 6）。

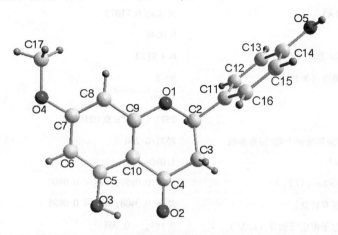

图 3 – 11　化合物的分子结构图和立体结构投影图

表 3 – 6　樱花素晶体学参数表

目标化合物	樱花素
分子式	$C_{16}H_{14}O_5$
分子量	286.27
温度/K	100.0
晶系	单斜晶系
空间群	$P2_1/c$
a/Å	12.8531（12）
b/Å	5.7141（3）
c/Å	18.0355（12）
α/°	90.00
β/°	97.333（8）
γ/°	90.00
体积/Å^3	1313.77（16）
计算密度/mg·mm^3	1.447
Z	4
晶体尺寸/mm^3	0.60 × 0.80 × 0.60

目标化合物	樱花素
F (000)	600.0
μ [mm^{-1}]	0.108
光源，λ（Å）	MoKα, 0.71073
Rint	0.0246
数据收集 2θ 范围（°）	6.4 到 52
对 θ 的完整性（%）	99.8
反射收集	10209
独立反射	2571（Rint = 0.0246）
衍射点数/限制精修个数/精修参数	2571/0/246
拟合优度 F^2	1.076
R 因子 [$I > 2\sigma$ (I)]	$R_1 = 0.0350$, $wR_2 = 0.0860$
R 因子 [所有数据]	$R_1 = 0.0408$, $wR_2 = 0.0895$
最大残留电子密度峰和谷（e/Å^3）	0.184, −0.205

4. 样品的分装

采用进口 2 mL 棕色瓶进行分装。分装是在相对独立和洁净空间里进行的，以每瓶 5 mg 分装，用十万分之一天平称量，共计 400 瓶，以 1～400 号计。分装好的样品瓶放置在 4℃ 冰箱中长期保存。

三、研制与程序

1. 稳定性检验

取本样品，在 4℃ 的温度中放置 2 年，分别于 0、1、2、3、6、9、12、18、24 个月时测定其纯度，每次分别取 3 个样品。趋势分析以每瓶含量的纯度平均值作为对瓶序号的函数来研究样品在放置过程中的趋势（表 3 - 7、图 3 - 12）。

表 3 - 7　樱花素长期稳定性检验结果

时间/月	测定结果/%	平均值/X，%	标准偏差/S，%
	99.98		
0	99.98	99.98	0.01
	99.97		

续表

时间/月	测定结果/%	平均值/X,%	标准偏差/S,%
	99.96		
1	99.97	99.96	0.01
	99.96		
	99.97		
2	99.98	99.97	0.01
	99.97		
	99.98		
3	99.98	99.98	0.00
	99.98		
	99.98		
6	99.98	99.98	0.01
	99.97		
	99.98		
9	99.97	99.97	0.01
	99.97		
	99.98		
12	99.98	99.98	0.00
	99.98		
	99.98		
18	99.98	99.97	0.01
	99.96		
	99.98		
24	99.96	99.97	0.01
	99.97		

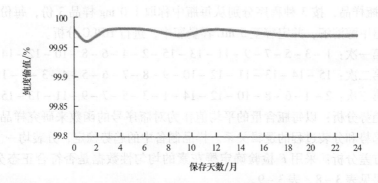

图 3-12 樱花素长期稳定性检验趋势线

根据表 3-7 的数据，每次测得的平均值在测定时间内没有随时间变化而明显升高或降低。同时，根据 GB/T 15000—2008《标准样品工作导则（3）标准样品定值的一般原则和统计方法》的要求，以直线模型作为经验模型，采用 t 检验和 F 检验对稳定性获得的数据进行分析。计算过程如下：

t 检验：

斜率：$b_1 = \dfrac{\sum_{i=1}^{n} (X_i - \overline{X})(Y_i - \overline{Y})}{\sum_{i=1}^{n} (Xi - \overline{X})^2} = \dfrac{-0.05}{550} = -0.0000909\%$

式中：$\overline{Y} = 99.97\%$，$\overline{X} = 8.33$

截距由下式计算：

$$b_0 = \overline{Y} - b_1 \overline{X} = 99.97\%$$

直线上的点的标准偏差可由下式计算：

$$s^2 = \frac{\sum_{i=1}^{n} (Y_i - b_0 - b_1 X_i)^2}{n - 2} = \frac{0.000546}{7} = 0.000078$$

取其平方根 $s = 0.008831\%$，与斜率相关的不确定度用下式计算：

$$s(b_1) = \frac{s}{\sqrt{\sum_{i=1}^{n} (X_i - \overline{X})^2}} = \frac{0.008831}{\sqrt{550}} = 0.000377\%$$

自由度为 $n-2$ 和 $P=0.95$（95%置信水平）的 t 因子等于 2.37。由于

$|b_1| = 0.0000909\% < t_{0.95n-2} \times s(b_1) = 0.00089\%$

故斜率是不显著的，未观测到不稳定性。

稳定性检验的不确定度：$u_{lts} = s_b \times t = 0.000377\% \times 24 = 0.01\%$。

2. 均匀性检验

采用的是随机顺序重复测量的方法，从分装后的 400 瓶样品中随机抽取 15 瓶样品，按 3 种程序分别从每瓶中称取 1.0 mg 样品 3 份，每份样品加色谱甲醇溶解，并定容至 5 mL 容量瓶中，进行 HPLC 分析。

第一次：1 - 3 - 5 - 7 - 9 - 11 - 13 - 15 - 2 - 4 - 6 - 8 - 10 - 12 - 14

第二次：15 - 14 - 13 - 11 - 12 - 10 - 9 - 8 - 7 - 6 - 5 - 4 - 3 - 2 - 1

第三次：2 - 4 - 6 - 8 - 10 - 12 - 14 - 1 - 3 - 5 - 7 - 9 - 11 - 13 - 15

趋势分析：以每瓶含量的平均值作为对瓶序号的函数来研究样品制备中的趋势和分装过程的逻辑关系。样品制备中的趋势稳定，分装均一。

方差分析：采用 F 检验确定樱花素的均匀性数据是否符合正态分布。其结果见表 3 - 8、表 3 - 9。

表3-8 樱花素标准样品的均匀性检验

瓶号	1	2	3	4	5	6	7	8	9	10	11	12	13	14	15
第1份 /%	99.98	99.97	99.97	99.97	99.98	99.96	99.97	99.96	99.97	99.98	99.98	99.97	99.97	99.97	99.97
第2份 /%	99.98	99.97	99.98	99.98	99.97	99.97	99.97	99.98	99.97	99.97	99.97	99.97	99.98	99.97	99.97
第3份 /%	99.97	99.97	99.97	99.97	99.96	99.96	99.97	99.96	99.97	99.98	99.98	99.97	99.97	99.97	99.98
平均值 /%	99.98	99.97	99.98	99.98	99.97	99.96	99.97	99.97	99.97	99.98	99.98	99.97	99.98	99.97	99.97
总体平均值 /%							99.97								

表3-9 樱花素均匀性检验的方差分析表

变差源	SS	自由度	MS
瓶间	0.0005644	14	0.00004032
瓶内	0.001067	30	0.00003556
总和	0.001631	44	

从表3-9可见，以 v_1（即组间）=14及 v_2（即组内）=30查 F 界值表，得 $F_{0.05}$（14，30）=2.037，由于 $F = MS_间/MS_内 = 1.134 < F_{0.05}$（14，30），所以本样品是均匀的。

瓶间方差用下式计算：$s_A^2 = 0.0001587$

瓶间标准偏差 S_{bb} 是该方差的平方根，均匀性检验的不确定度为 $u_{bb} = S_{bb} = 0.01\%$。

3. 定值

采用与稳定性检验、均匀性检验相同的分析方法，对样品进行定值分析。纯度计算方法为峰面积归一化法（表3-10、表3-11）。

表3-10 8家实验室定值数据

实验室	检测结果/%						平均值 /%	标准偏差 /%
	1	2	3	4	5	6		
1	99.978	99.966	99.967	99.970	99.970	99.966	99.97	0.005
2	99.98	99.99	100.00	99.96	99.94	99.94	99.97	0.026
3	99.93	99.94	99.96	99.94	99.95	99.94	99.94	0.010

表 3 - 5 ~~樱花素标准样品的定值数据~~

实验室	检测结果/%						平均值/%	标准偏差/%
	1	2	3	4	5	6		
4	99.978	99.980	99.982	99.978	99.981	99.982	99.98	0.002
5	99.94	99.95	99.95	99.96	99.94	99.95	99.95	0.008
6	99.95	99.95	99.97	99.98	99.98	99.96	99.97	0.014
7	99.96	99.98	99.98	99.97	99.97	99.97	99.97	0.008
8	99.97	99.98	99.98	99.97	99.98	99.98	99.98	0.005

表 3 - 11　定值结果统计分析表

实验室序号	1	2	3	4	5	6	7	8
平均值/%	99.97	99.97	99.94	99.98	99.95	99.97	99.97	99.98
标准偏差/%	0.01	0.03	0.01	0.00	0.01	0.01	0.01	0.01
总平均值/%				99.97				
$S(\overline{X})$（总平均值的标准偏差）/%				0.02				
$u(\overline{X})$（总平均值的不确定度值）/%				0.004				

定值结果由标准值和不确定度组成。标准样品特性标准值的测量不确定度 U_{CRM} 由测定得到的标准值的不确定度 $u(\overline{X})$、均匀性检验的不确定度 u_{bb} 和稳定性检验的不确定度 u_{lts} 组成。依据全部测定结果，计算樱花素标准样品的特性标准值和不确定度。

表中：$\overline{X} = \dfrac{1}{n}\sum_{(i-1)}^{n} X_i$ （n = 1, 2, 3, …, 8） = （99.97 + 99.97 + 99.94 + 99.98 + 99.95 + 99.97 + 99.97 + 99.98） /8 = 99.97

$$S_r = \sqrt{MS_{within}} = \sqrt{0.00014} = 0.01$$

$$S_L = \sqrt{\frac{MS_{among} - MS_{within}}{n_0}} = \sqrt{\frac{0.001018 - 0.00014}{6}} = 0.01$$

$$u(\overline{X}) = \sqrt{\frac{s_L^2}{p} + \frac{s_r^2}{n \cdot p}} = \sqrt{\frac{0.0001}{8} + \frac{0.0001}{48}} = 0.004$$

樱花素标准样品的定值结果为 99.97%，扩展不确定度为 0.03 %。

第二节 典型多酚类标准样品白藜芦醇研制示范

一、概况

多酚类化合物是一类植物中的化学物质的统称，因具有多个酚基团而得名，具有很强的抗氧化作用。白藜芦醇是典型多酚类成分，该标准样品的研制任务来源于国家标准化管理委员会制订的 2005 年国家标准样品研复制计划（S2005241），标准样品批号为 GSB 11 – 1438 – 2012。白藜芦醇来源于蓼科（*Polygonaceae*）蓼属（*Polygonum Lien.*）多年生草本植物虎杖（*Polygonum cuspidatum* Sieb. et Zuce.）。虎杖是我国常用的传统中药，1977年以来出版的《中华人民共和国药典》各版对虎杖均有收载，为药典品种。虎杖的药用部位为根及茎，具有活血散瘀、祛风通络、清热利湿、解毒之功效，用于治疗妇女经闭、痛经、产后恶露不下及跌打损伤、风湿痹痛、湿热黄疸、淋浊带下、毒蛇咬伤、烧伤和烫伤等。虎杖中的有效成分主要是白藜芦醇及其蒽醌类化合物，如白藜芦醇苷、大黄素、大黄素甲醚等，其中白藜芦醇的含量很高，现代研究发现白藜芦醇在癌症的早期、中期和晚期 3 个阶段均有化学抗癌活性，同时具有降血脂、抑制血小板凝聚及调节脂蛋白代谢等作用。白藜芦醇标准样品采用蓼科植物虎杖的干燥根茎作为制备的原料，经 HSCCC 技术分离纯化得到白藜芦醇，对纯度较高的样品浓缩和冷冻干燥，最终制成粉末状白藜芦醇标准样品（表 3 – 12）。

表 3 – 12 白藜芦醇基本信息

基本信息	化学结构式
英文名称：Resveratrol	
CAS 号：501 – 36 – 0	
分子式：$C_{14}H_{12}O_3$	
分子量：228.25	
化学结构式（见右图）	

二、制备及表征技术

1. 样品的制备

采用 TBE – 300B 半制备型高速逆流色谱仪进行制备。第一次高速逆流色谱纯化：采用石油醚—乙酸乙酯—甲醇—水（3∶5∶4∶6，v/v）体系，上相为固定相，下相为流动相，以首—尾模式洗脱，转速900 r/min，流速3 mL/min，检测波长280 nm。下相溶解虎杖粗提物200 mg，于0 min、110 min、220 min连续上样3次，HSCCC分离纯化，收集90~110 min、200~220 min，310~330 min的白藜芦醇样品色谱峰，旋转蒸发去除溶剂，冷冻干燥，得到一次纯化后的白藜芦醇样品（图3-14）。

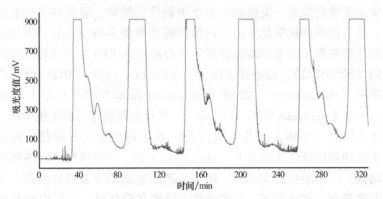

图3-14　虎杖粗提物的第一次HSCCC谱图

第二次高速逆流色谱纯化：采用氯仿—甲醇—水（4:3.5:2，v/v）体系，上相为固定相，下相为流动相，以首—尾模式洗脱，转速900 r/min，流速3 mL/min，检测波长280 nm。上相—下相（1:1，v/v）溶解一次纯化后的白藜芦醇样品300 mg上样，HSCCC分离纯化，收集180~220 min白藜芦醇样品色谱峰，旋转蒸发去除溶剂，冷冻干燥。最终得到高纯度的白藜芦醇样品（图3-15）。

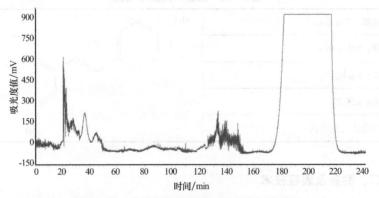

图3-15　虎杖粗提物的第二次HSCCC谱图

2. 纯度分析

液相色谱分析：采用Shimadzu 15C型高效液相色谱仪，Wondasil C18

（4.6×150 mm，5 μm）色谱柱。流动相为乙腈—水（26:74，v/v）；流速1.0 mL/min；柱温30℃；检测波长306 nm。

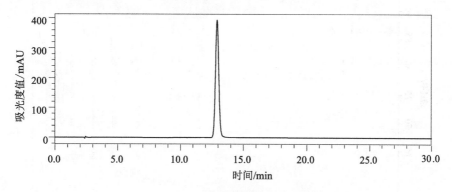

图 3-16 白藜芦醇的 HPLC 谱图

3. 结构确证

元素分析：采用 Elementar 全自动元素分析仪 vario EL Ⅲ，根据 JY/T 017-1996 元素分析仪方法通则进行测试，白藜芦醇样品元素分析测定值：C 73.4%，H 5.4%；计算值：C 73.7%，H 5.3%。测定值与计算值一致。

紫外—可见光谱分析：白藜芦醇的紫外—可见光谱谱图见图 3-17，$UV_{\lambda max}$：216，305 nm。

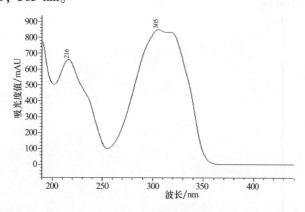

图 3-17 白藜芦醇的紫外—可见光谱谱图

红外光谱分析：溴化钾压片，扫描范围 400 cm^{-1}-4000 cm^{-1} 测定红外光谱。IR（KBr），v，cm^{-1}：3203（-OH 伸缩振动），1633（C=C），1605，1511，1462（芳环骨架振动），1146（C-OH），965（反式 RCH=CHR），见图 3-18。

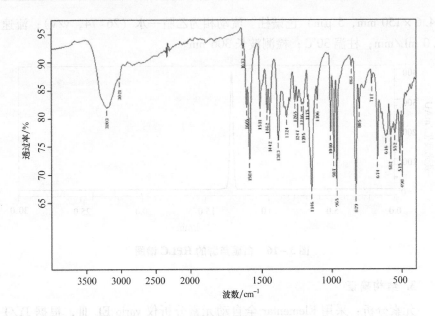

图 3-18 白藜芦醇的红外光谱谱图

质谱分析：白藜芦醇的质谱数据见图 3-19。[M－H]⁻＝227.07，与白藜芦醇的分子式符合。

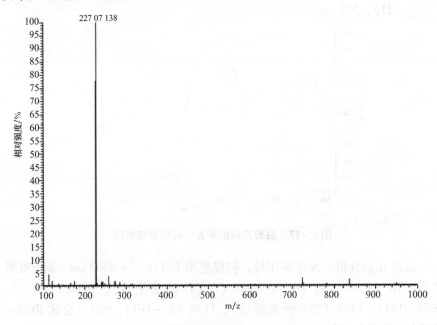

图 3-19 白藜芦醇的质谱谱图

核磁共振分析：以氘代丙酮加重水为溶剂，进行^{1}H-NMR 和^{13}C-NMR 分析，测定结果见图 3 - 20、3 - 21，并对其进行了归属，归属结果见表 3 - 13、3 - 14。

表 3 - 13　白藜芦醇的^{1}H-NMR 测试数据

H 位置	δ_H 测定值	δ_H 文献值
2	6.513	6.54
4	6.237	6.28
6	6.513	6.54
α	6.851	6.89
β	6.955	7.02
2′	6.823	6.84
3′	7.384	7.42
5′	7.384	7.42
6′	6.823	6.84

表 3 - 14　白藜芦醇的^{13}C-NMR 测试数据

C 位置	δ_C 测定值	δ_C 文献值
1	140.00	140.9
2	104.79	105.7
3	158.68	159.6
4	101.77	102.7
5	158.68	159.6
6	104.79	105.7
a	125.95	126.9
b	128.21	129.1
1′	129.09	130.1
2′	127.83	128.7
3′	115.51	115.9
4′	157.25	158.2
5′	115.51	115.9
6′	127.83	128.7

热重分析：以 N_2 介质，扫描范围室温到 500℃，升温速率 10℃/min，Al_2O_3 干锅，带盖，白藜芦醇样品的 TG 曲线在 105℃呈水平直线，说明样品含水量很低。

4. 样品的分装

采用进口 2 mL 棕色瓶进行分装。分装是在相对独立和洁净空间里进行的,以每瓶 10 mg 分装,用十万分之一天平称量,共计 82 瓶,以 1～82 号计。分装好的样品瓶放置在 4℃冰箱中长期保存。

三、研制与程序

1. 稳定性检验

取本样品,在 4℃的条件下放置 1 年。分别于 0 天、1 天、2 天、3 天、1 周、2 周、3 周、1 月、2 月、3 月、6 月、12 月时取样,测定其纯度。按照樱花素标准样品稳定性检验方法,以直线模型作为经验模型,采用 t 检验和 F 检验对稳定性数据进行分析,未观测到样品不稳定性。

2. 均匀性检验

采用随机顺序重复测量的方法进行纯度分析。由于所制备的样品单元数小于 100,根据随机数表,分别抽取 10 瓶样品进行均匀性检验。按 3 种程序分别从每瓶中称取 1.0 mg 样品 3 份,每份样品加色谱甲醇溶解,并定容至 5 mL 容量瓶中,进行 HPLC 分析。按照樱花素标准样品稳定性检验方法进行趋势分析和方差分析,采用 F 检验确定均匀性数据是否符合正态分布,结果表明该样品是均匀的。

3. 定值

采用与稳定性检验、均匀性检验相同的分析方法,对样品进行定值分析。纯度计算方法为峰面积归一化法。定值结果由标准值和不确定度组成。数据处理方法同樱花素标准样品。结论:白藜芦醇标准样品的定值结果为 99.79%,扩展不确定度为 0.07%。

第三节 典型醌类标准样品隐丹参酮研制示范

一、概况

醌类化合物是一类含有两个双键的六碳原子环状二酮结构的芳香族有机化合物,如对苯醌、邻苯醌。醌类具有开链二元酮的性质,能发生加成反应和被还原等反应,而缺少芳香族化合物的性质。醌型结构和颜色有密切的关系,因此醌类化合物大多是有色物质。隐丹参酮是典型的醌类成分,该标准样品的研制任务来源于国家标准化管理委员会制订的 2005 年天然产物国家标准样品研（复）制计划（S2005237），标准样品批号为 GSB 11 – 2794 – 2011。隐丹参酮来源于唇形科鼠尾草属丹参（*Salvia miltiorrhiza* Bge.）。丹参中的脂溶性成分包括丹参酮 $Ⅱ_A$、丹参酮 $Ⅰ$、隐丹参酮等，均具有保护心肌缺血缺氧、抑制血小板聚集的功能，还具有明显的抗肿瘤作用。隐丹参酮标准样品采用市售的丹参药材作为制备的原料，用溶剂提取、溶剂萃取粗分离、硅胶柱层析纯化和重结晶的步骤，最后收集隐丹参酮含量达 98% 以上的组分、浓缩、结晶，干燥后得到隐丹参酮标准样品（表 3 – 15）。

表 3 – 15　隐丹参酮基本信息

英文名称：Cryptotanshinone	
CAS 号：35825 – 57 – 1	
分子式：$C_{19}H_{20}O_3$	
分子量：296.1	
化学结构式（见右图）	

二、制备及表征技术

1. 样品的制备

丹参药材粉碎至 40 目，95% 乙醇加热回流药材 3 次，每次 3 h，抽滤，减压浓缩至无醇味，加水分散，石油醚萃取 3 次，得到石油醚萃取物，丹参粗提物经硅胶柱层析分离，粗分离采用石油醚—乙酸乙酯梯度洗脱，细分离采用氯仿—甲醇梯度洗脱，薄层硅胶板和 HPLC 监测，收集与合并含有隐丹参酮的组分。收集到的含量较高的隐丹参酮部分采用氯仿—甲醇溶液结晶，可得高纯度隐丹参酮单体。

2. 纯度分析

液相色谱分析：采用 Agilent 1120 型高效液相色谱仪，shim-pack C_{18} 柱（4.6 × 250 mm，5 μm）。流动相为甲醇—水（85∶15，v/v）；流速 1.0 mL/min；柱温 25℃；检测波长 263 nm（图 3 – 23）。

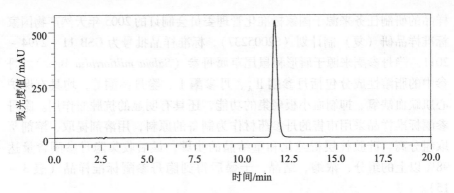

图 3 - 23　隐丹参酮的 HPLC 谱图

薄层色谱分析：采用两种展开体系进行检测，点样量分别为 20 μg、40 μg、60 μg、80 μg、100 μg（表 3 - 16、表 3 - 17）。

表 3 - 16　隐丹参酮展开体系 I

薄层板：硅胶 GF254 板	
展开剂：甲苯：甲醇 = 10：1（v/v）	
显色剂：无	
显色方法：左—荧光检测；右—日光检测	
Rf 值：0.47	
结论：未见杂质斑点出现（见右图）	

表 3 - 17　隐丹参酮展开体系 II

薄层板：硅胶 GF254 板	
展开剂：氯仿：丙酮 = 15：1（v/v）	
显色剂：无	
显色方法：左—荧光检测；右—日光检测	
Rf 值：0.43	
结论：未见杂质斑点出现（见右图）	

三维全光谱扫描分析：在紫外光区（200 ~ 400 nm）进行了三维全光谱扫描，结果见图 3 - 24。

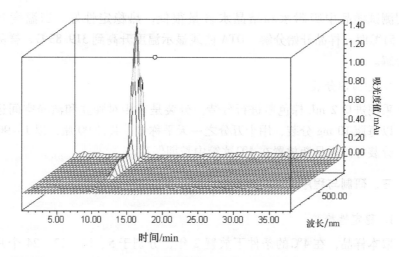

图 3 – 24 隐丹参酮的三维全光谱扫描图

3. 结构确证

通过熔点、红外光谱、紫外—可见光光谱、质谱、核磁共振对隐丹参酮进行结构确认，试验结果见表 3 – 18。

表 3 – 18 隐丹参酮标准样品结构确证

项目	实测值
熔点（℃）	184~185
IR（cm^{-1}）	3435, 3125, 2924, 1672, 1593
UV（nm）	219, 263, 271, 290, 357
NMR	^{1}H-NMR（600 MHz, CDCl$_3$）δ：1.29（6H, s, H-18, 19), 1.35（3H, s, H-17), 1.77, 1.80（2H, m, H-2, 3), 3.22（2H, m, H-1), 3.60, 4.37（2H, m, H-15), 4.90（1H, m, H-16), 7.48（1H, d, J=7.8Hz, H-6), 7.64（1H, d, J=7.8Hz, H-7) ^{13}C-NMR（150 MHz, CDCl$_3$）δ：29.7（C-1), 18.9（C-2), 37.8（C-3), 34.8（C-4), 143.7（C-5), 132.6（C-6), 122.5（C-7), 128.3（C-8), 126.2（C-9), 152.3（C-10), 184.2（C-11), 175.7（C-12), 118.3（C-13), 170.8（C-14), 81.4（C-15), 34.6（C-16), 19.0（C-17), 31.9（C-18, 19)
ESI-MS	$[M+H]^+ = 297.1$

热重分析：采用 Shimadzu TG – 40 DTA – 40M 热重分析仪，初温 30℃，最终温度 600℃，升温速率 10℃/min；气体 N$_2$；流速 100 mL/min。从图 3 – 25 可以看出温度在 28.98~188.33℃ 范围内，TG 曲线是一条水平线，

表明测试样品中吸附水和结晶水含量很低，热稳定性好。当温度超过248.51℃时，样品开始分解，DTA曲线显示温度升高到319.83℃，样品迅速分解。

4. 样品的分装

采用进口2 mL棕色瓶进行分装。分装是在相对独立和洁净空间进行的，以每瓶10 mg分装，用十万分之一天平称量，共计90瓶，以1～90号计。分装好的样品瓶放置在4℃冰箱中长期保存。

三、研制与程序

1. 稳定性检验

取本样品，在4℃的条件下放置2年，分别于5、16、22、24个月时取样，测定其纯度。按照樱花素标准样品稳定性检验方法，以直线模型作为经验模型，采用 t 检验和 F 检验对稳定性数据进行分析，未观测到样品不稳定性。

2. 均匀性检验

采用随机顺序重复测量的方法进行纯度分析。由于所制备的样品单元数小于100，根据随机数表，分别抽取10瓶样品进行均匀性检验。按3种程序分别从每瓶中称取1.0 mg样品3份，每份样品加色谱甲醇溶解，并定容至5 mL容量瓶中，进行HPLC分析。按照樱花素标准样品稳定性检验方法进行趋势分析和方差分析，采用 F 检验确定均匀性数据是否符合正态分布，结果表明该样品是均匀的。

3. 定值

采用与稳定性检验、均匀性检验相同的分析方法，对样品进行定值分析。纯度计算方法为峰面积归一化法。定值结果由标准值和不确定度组成。数据处理方法同樱花素标准样品。隐丹参酮标准样品的定值结果为98.82%，扩展不确定度为0.08%。

第四节　典型木脂素类标准样品芝麻素研制示范

一、概况

木脂素化合物是一类由两分子苯丙素衍生物（即C6-C3单体）聚合而

成的天然化合物，多数呈游离状态，少数与糖结合成苷而存在于植物的木质部和树脂中，故得名。芝麻素是典型的木脂素类成分，该标准样品研制任务来源于国家标准化管理委员会制订的 2011 年国家标准样品研复制计划（S2011174），标准样品批号为 GSB 11 – 3370 – 2016。芝麻素来源于农作物芝麻，具有降低胆固醇、抗高血压、抗菌及抗氧化、保护肝脏、抑制乳腺癌以及免疫激活等生理作用。芝麻素标准样品以芝麻为原料，采用正己烷粗提取、乙醇超声波二次提取，高速逆流色谱分离的方法制备而得。

表 3 – 19 芝麻素基本信息

英文名称：Sesamin	
CAS 号：607 – 80 – 7	
分子式：$C_{20}H_{18}O_6$	
分子量：354.36	
化学结构式（见右图）	

二、制备及表征技术

1. 样品的制备

取芝麻 1.1 kg 粉碎，用 10 L 正己烷回流提取 3 次，每次 2 h，抽滤，滤液真空旋转蒸发成油状总提取物。上述总提取物加 500 mL 乙醇超声提取 3 次，每次 2 h，取上清液真空旋转蒸发，得到芝麻二次提取物 10.3 g，所得样品进行高速逆流色谱进行分离。将石油醚—乙酸乙酯—甲醇—水溶剂体系（1:0.4:1:0.5，v/v）配制于分液漏斗中，摇匀后静置分层，取上相为固定相、下相为流动相备用。取 220 mg 芝麻二次提取物溶解于 5 mL 上相和 5 mL 下相的混合物中。溶剂系统的固定相用泵以 20.0 mL/min 的流速泵入色谱分离柱。开启速度控制器，使高速逆流色谱仪螺旋管柱按顺时针方向旋转。当转速达 800 r/min 时以 2.0 mL/min 的流速泵入流动相。待流动相开始流出色谱柱时开始进样，根据紫外吸收色谱图（见图 3 – 26）收集相同部分，合并后得到芝麻素单体 62 mg。

2. 纯度分析

恒定洗脱：采用 Waters e2695 高效液相色谱仪，Agela Innoval C18（4.6×250 mm，5 μm）色谱柱；流动相为甲醇—水（80:20，v/v），流速为 1.0 mL/min；柱温 30℃；运行时间 25 min；检测波长 286 nm（图 3 –

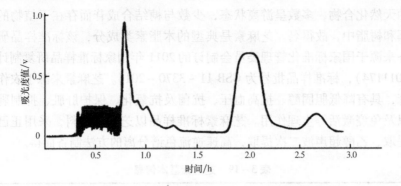

图 3 - 26   芝麻素制备的 HSCCC 色谱谱图

27、图 3 - 28）。

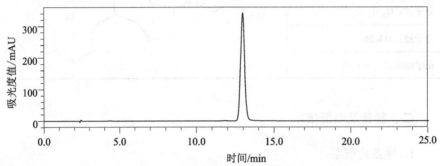

图 3 - 27   芝麻素的恒定洗脱 HPLC 谱图

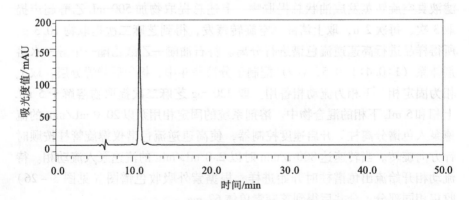

图 3 - 28   芝麻素的梯度洗脱 HPLC 谱图

梯度洗脱：采用 Waters e2695 高效液相色谱仪，YMC C18 （4.6 × 250 mm，5 μm）色谱柱；流动相甲醇—水，0 ~ 20 min，80% 甲醇 （v/v），20 ~ 40 min，80% ~ 100% 甲醇 （v/v），40 ~ 50 min，100% 甲醇。流速：

1.0 mL/min；柱温：30℃；运行时间：50 min；检测波长：286 nm。

三维全光谱扫描分析：在紫外光谱区（200～400 nm）进行了三维全光谱扫描，结果见图 3－29。

其他色谱柱洗脱：采用 Waters e2695 高效液相色谱仪，Agilent ZORB-AX SB－C$_{18}$（4.6×250 mm，5 μm）色谱柱，流动相为甲醇—水（80：20，v/v）。流速为 1.0 mL/min；柱温 30℃；运行时间 30 min；检测波长 286 nm（图 3－30）。

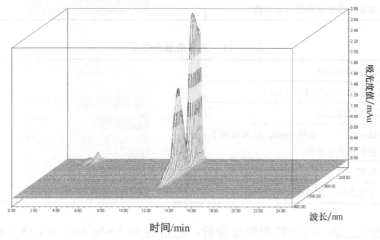

图 3－29 芝麻素的三维全光谱扫描图

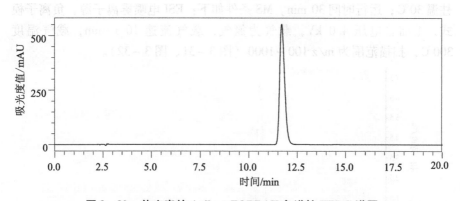

图 3－30 芝麻素的 Agilent ZORBAX 色谱柱 HPLC 谱图

薄层色谱分析：采用两种展开体系进行检测，梯度点样 20 μg、40 μg、60 μg、80 μg、100 μg（表 3－20、表 3－21）。

表 3 – 20 芝麻素展开体系 I

薄层板：硅胶 GF254	
展开剂：石油醚：乙酸乙酯 = 2∶1（v/v）	
显色剂：硫酸乙醇	
显色方法：105℃下加热 3min，左为荧光下显色，右为显色剂显色	
Rf 值：0.37	
结论：未见杂质斑点出现（见右图）	

表 3 – 21 芝麻素展开体系 II

薄层板：硅胶 GF254	
展开剂：氯仿：甲醇 = 5∶1（v/v）	
显色剂：喷硫酸乙醇	
显色方法：105℃下加热 3min，左为荧光下显色，右为显色剂显色	
Rf 值：0.75	
结论：未见杂质斑点出现（见右图）	

液相色谱—质谱联用纯度分析：色谱柱为 Agela Innoval C18（4.6 × 250 mm，5 μm）；流动相为甲醇—水（80∶20，v/v）；流速 1.0 mL/min；柱温 30℃；运行时间 30 min。MS 条件如下：ESI 电喷雾离子源，负离子模式，毛细管电压 4.0 kV，载气为氮气，载气流速 10 L/min，载气温度 300℃，扫描范围为 m/z 100 ~ 1000（图 3 – 31、图 3 – 32）。

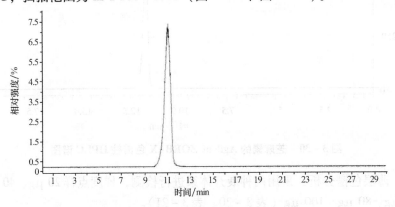

图 3 – 31 芝麻素正离子模式下总离子流图

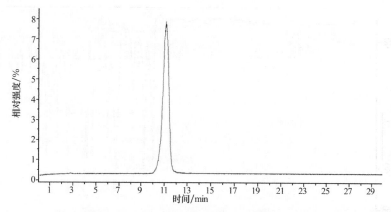

图 3 – 32　芝麻素负离子模式下总离子流图

3. 结构确证

紫外—可见光谱分析：芝麻素的紫外—可见光谱谱图见图 3 – 33，UV$_{\lambda max}$：210，233，286 nm。

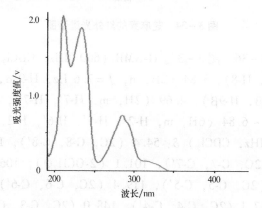

图 3 – 33　芝麻素的紫外—可见光谱谱图

红外光谱分析：芝麻素样品，溴化钾压片，扫描范围 400 cm^{-1} – 4000 cm^{-1} 测定红外光谱，见图 3 – 34。

元素分析：根据 JY/T 017 – 1996 元素分析仪方法通则进行测试。元素分析测定值：C 67.67%，H 5.21%；元素分析计算值：C 67.79%，H 5.12%。测定值与计算值一致。

质谱分析：[M + Na]$^+$ = 377.1，[2M + Na]$^+$ = 731.2，与芝麻素的分子式符合（图 3 – 35）。

核磁共振分析：以氘代氯仿为溶剂，进行 ^{1}H-NMR 和 ^{13}C-NMR 分析，

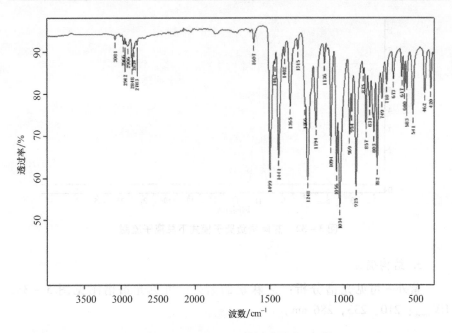

图3-34 芝麻素的红外光谱谱图

测定结果见图3-36、图3-37。^{1}H-NMR（600 MHz，CDCl$_3$）δ ppm：3.03（2H，m，H-8′，H-8），3.84（2H，d，J = 7.6 Hz，H-9′α，H-9α），4.21（2H，m，H-9′β，H-9β），4.69（2H，m，H-7′，H-7），5.92（4H，s，OCH$_2$O），6.77 ~ 6.84（6H，m，H-2′，H-5′，H-6′，H-2，H-5，H-6）。^{13}C-NMR（600 MHz，CDCl$_3$）δ：54.4（2C，C-8，C-8′），1.7（2C，C-9，C-9′），85.8（2C，C-7，C-7′），101.1（2-OCH$_2$O），106.5（2C，C-2，C-2′），108.2（2C，C-5，C-5′），119.4（2C，C-6，C-6′），135.1（2C，C-1，C-1′），147.1（2C，C-4，C-4′），148.0（2C，C-3，C-3′）。

4. 样品的分装

采用进口4 mL棕色瓶进行分装。分装是在相对独立和洁净空间进行的，以每瓶10 mg分装，用十万分之一天平称量，共计130瓶，以1 ~ 130号计。分装好的样品瓶放置在4℃冰箱中长期保存。

三、研制与程序

1. 稳定性检验

取本样品，在4℃的条件下放置2年，分别于0天、1天、2天、4天、8天、16天、30天、6个月、12个月、18个月、24个月时取样，测定其纯度。按照樱花素标准样品稳定性检验方法，以直线模型作为经验模型，采用 t 检验和 F 检验对稳定性数据进行分析，未观测到样品不稳定性。

2. 均匀性检验

采用随机顺序重复测量的方法进行纯度分析。由于所制备的样品单元数小于 100，根据随机数表，分别抽取 10 瓶样品进行均匀性检验。按 3 种程序分别从每瓶中称取 0.2 mg 样品 3 份，每份样品加色谱甲醇溶解，并定容至 1 mL，进行 HPLC 分析。按照樱花素标准样品稳定性检验方法进行趋势分析和方差分析，采用 F 检验确定均匀性数据是否符合正态分布，结果表明该样品是均匀的。

3. 定值

采用与稳定性检验、均匀性检验相同的分析方法，对样品进行定值分析。纯度计算方法为峰面积归一化法。定值结果由标准值和不确定度组成。数据处理方法同樱花素标准样品。

芝麻素标准样品的定值结果为 99.88%，扩展不确定度为 0.06%。

第五节　典型萜类标准样品长梗冬青苷研制示范

一、概况

萜类化合物是指具有 $(C_5H_8)_n$ 通式以及其含氧与不同饱和程度的衍生物，可以看成是由异戊二烯或异戊烷以各种方式连结而成的一类天然化合物。萜类化合物在自然界中广泛存在，高等植物、微生物、昆虫以及某些海洋生物都有萜类成分。长梗冬青苷是一种五环三萜的葡萄糖苷，该标准样品研制任务来源于国家标准化管理委员会制订的 2012 年国家标准样品研复制计划（S2012087）。长梗冬青苷主要存在于冬青科植物铁冬青 *Ilex. rotunda* Thunb. 的叶和树皮、毛冬青 *I. pubescens* Hook. et Arm 的根，以及冬青 *I. oldhami* Miq. 和具柄冬青 *I. pedunculosa* Miq. 的叶中。铁冬青 *I. rotunda* Thunb. 的树皮还是广东、广西、海南、福建等地普遍饮用的凉茶的配方之一。长梗冬青苷对饮食引起的高血脂大鼠血浆中总胆固醇水平和高密度脂蛋白胆固醇及动脉粥样硬化指数具有降低效果，并能提高其低密度脂蛋白胆固醇水平。1953 年，朱任宏等首次从广西产救必应树皮中分离得到两种配糖体，命名为救必应苷甲和救必应苷乙（Ilexanin B）。救必应苷乙的结构与 1973 年日本学者等从冬青、具柄冬青和铁冬青中得到的一种苦味物质相同，命名为具柄冬青苷。具柄冬青苷与救必应苷乙为同一化合物，2015 年版《中华人民共和国药典》称该化合物为长梗冬青苷。长梗冬青苷标准样品通过对救必应进行有机溶剂提取，利用大孔吸附树脂等进行分离可得到长梗冬青苷，经重结晶，可获得高纯度的单体化合物（表 3 - 22）。

表 3 - 22　长梗冬青苷基本信息

英文名称：Pedunculoside	
CAS 号：42719 - 32 - 4	
分子式：$C_{36}H_{58}O_{10}$	
分子量：650.4	
化学结构式见右图	

二、制备及表征技术

1. 样品的制备

精密称取长梗冬青苷对照品适量，加 50% 甲醇制成每 1 mL 含长梗冬青苷 1.020 mg 的溶液。以长梗冬青苷的含量为指标，考察了救必应的最佳提取工艺，综合实验结果，确定救必应中长梗冬青苷等总苷类物质的提取方法为救必应饮片中每次加入 10 倍量的 50% 乙醇，加热回流提取 3 次，每次 60 min。

取 0.04 ~ 0.16 g 生药/mL 的救必应提取液，按树脂量（mL）：生药量（g）为 1:0.32 计算的药液量通过 SP - 825 大孔吸附树脂柱，用 60% 乙醇以 1 ~ 4BV/h 的流速洗脱 5BV，收集洗脱液，长梗冬青苷的纯度可以达到 29.6%。

采用 TBE - 1000A 型 HSCCC 制备：配制乙酸乙酯—正丁醇—水（1:6:7，v/v）溶剂体系，充分振摇后静置过夜分相，以上相作为固定相、下相作为流动相，将上、下相超声脱气 20 min。首先以首—尾模式进行洗脱，以 50 mL/min 的流速泵入固定相，待检测器出口端流出固定相约 20 ~ 50 mL 后停泵，打开紫外检测器开始预热，设定检测波长为 254 nm，柱温为 25℃，正转转动主机至 450 rpm，同时以 3.0 mL/min 的流速泵入下相。分别取 20 mL 上、下相溶解 1.0 g 救必应提取物。待体系达到平衡后进样（见图 3 - 38）。当洗脱至 436 min，大多数峰均被洗脱出来后，切换至尾—首洗脱模式，以 3.0 mL/min 的流速泵入上相。根据时间控制收集的方法收集馏分，其中长梗冬青苷（v，45.1 mg）。在室温条件下，采用色谱纯甲醇对得到的长梗冬青苷粗品进行多次重结晶，减压干燥后可得高纯度的长梗冬青苷样品（图3-38）。

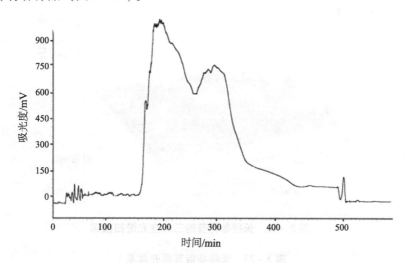

图3-38　救必应提取物的 HSCCC 色谱谱图

2. 纯度分析

液相色谱分析：采用岛津 LC-20A 高效液相色谱仪，迪马 Diamonsil-C18（2）色谱柱（4.6 × 150 mm，5 μm）。流动相为乙腈—水（32∶68，v/v）；流速为 1.0 mL/min；柱温 30℃；检测波长 210 nm；进样量 20 μL。

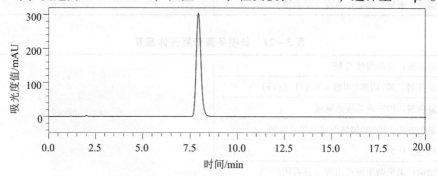

图3-39　长梗冬青苷的 HPLC 谱图

三维全光谱扫描分析：在紫外光区（200～400 nm）进行了三维全光谱扫描，结果见图3-40。

薄层色谱分析：采用 3 种展开体系进行检测，点样量分别为 20 μg、

40 μg、60 μg、80 μg、100 μg（表 3 – 23 ~ 表 3 – 25）。

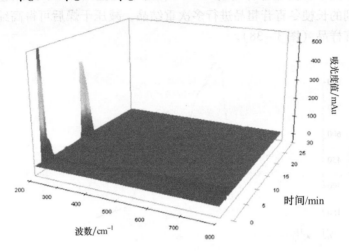

图 3 – 40　长梗冬青苷的三维全光谱扫描图

表 3 – 23　长梗冬青苷展开体系 I

薄层板：青岛海洋 G 板	
展开剂：氯仿:甲醇:甲酸 = 16:4:1 （v:v）	
显色剂：10% 香草醛浓硫酸	
显色方法：105℃加热至斑点显色清晰	
Rf 值：0.52	
结论：未见杂质斑点出现（见右图）	

表 3 – 24　长梗冬青苷展开体系 II

薄层板：青岛海洋 G 板	
展开剂：苯:丙酮:甲醇 = 3:1:1 （v:v）	
显色剂：10% 香草醛浓硫酸	
显色方法：105℃加热至斑点显色清晰	
Rf 值：0.57	
结论：未见杂质斑点出现（见右图）	

表 3 –25　长梗冬青苷展开体系Ⅲ

薄层板：青岛海洋 G 板	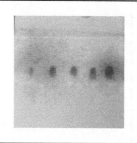
展开剂：氯仿：乙酸乙酯：甲醇：水 = 15：40：22：10（取下层，v：v）	
显色剂：10% 香草醛浓硫酸	
显色方法：105℃ 加热至斑点显色清晰	
Rf 值：0.67	
结论：未见杂质斑点出现（见右图）	

3. 结构确证

紫外—可见光谱分析：长梗冬青苷的紫外—可见光谱谱图见图 3 – 41，$UV_{\lambda max}$：203 nm。

红外光谱分析：溴化钾压片，扫描范围 400 cm^{-1} – 4000 cm^{-1} 测定红外光谱。IR（KBr），v，cm^{-1}：3352（–OH 伸缩振动），2933（CH_3 伸缩振动），2871（CH_2 伸缩振动），1727（C = O 伸缩振动），1066、1029（C – O – C 伸缩振动）。见图 3 – 42。

质谱分析：HR – ESI – MS（ – ）：$[M + COOH]^-$ = 695.40118（$C_{37}H_{59}O_{12}$，Calcd. for 665.4007），与长梗冬青苷的分子式符合。见图 3 – 43。

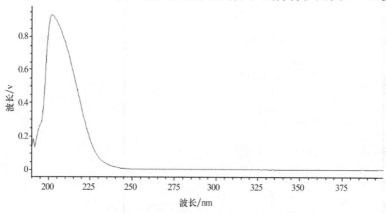

图 3 – 41　长梗冬青苷的紫外—可见光谱谱图

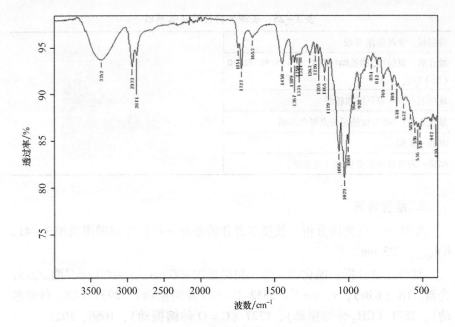

图 3 – 42　长梗冬青苷的红外光谱谱图

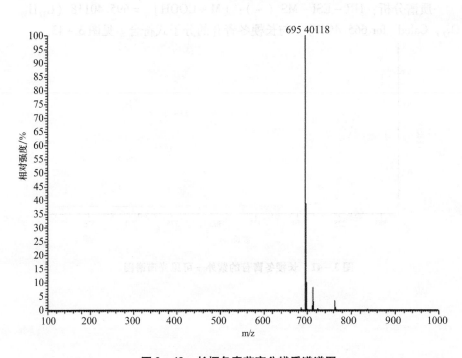

图 3 – 43　长梗冬青苷高分辨质谱谱图

核磁共振分析：以氘代吡啶为溶剂，进行[1]H-NMR、^{13}C-NMR、DEPT、^{1}H-^{1}H COSY、HMQC、HMBC 和 NOESY 分析，归属后的数据结果见表3-26、图3-44~图3-50。

表3-26 长梗冬青苷的核磁共振数据

位置	[13]C	DEPT	[1]H	^{1}H-^{1}H COSY	HMQC (C→H)	HMBC (C→H)
1	38.6	CH₂	1.87, m 2.07, m	1.92, 2.07 1.87, 1.92	1.87, 2.07	1.06
2	28.6	CH₂	1.92, (2H), m	1.87, 2.07, 4.22	1.92	—
3	74.5	CH	4.22, d, J = 6 Hz	1.92	4.22	1.09, 3.73, 4.19
4	43.8	C	—	—	—	1.09, 4.19, 4.22
5	49.6	CH	1.55, m	1.42, 1.65	1.55	1.06, 1.09, 4.22
6	19.7	CH₂	1.42, m 1.65, m	1.46, 1.55, 1.65, 1.72 1.42, 1.46, 1.55, 1.72	1.42, 1.65	—
7	34.2	CH₂	1.46, m 1.72, td, J = 11.2, 2.8Hz	1.42, 1.65, 1.72 1.42, 1.46, 1.65	1.46, 1.72	1.26
8	41.5	C	—	—	—	1.26, 1.67, 1.94
9	48.8	CH	1.94, m	2.09	1.94	1.06, 1.26
10	38.1	C	—	—	—	1.06, 1.94
11	25.0	CH₂	2.09, (2H), m	1.94, 5.59	2.09	-
12	129.4	CH	5.59, s	2.09	5.59	2.96
13	140.2	C	—	—	—	1.67, 2.96
14	43.0	C	—	—	—	1.67, 2.96, 5.59
15	30.2	CH₂	1.24, m 2.50, td, J = 13.2, 3.2 Hz	2.02, 2.50, 3.10 1.24, 2.02, 3.10	1.24, 2.50	1.67
16	27.0	CH₂	2.02, m 3.10, td, J = 13.2, 3.2 Hz	1.24, 2.50, 3.10 1.24, 2.02, 2.50	2.02, 3.10	2.96
17	49.6	C	—	—	—	1.09, 2.96
18	55.4	CH	2.96, s	—	2.96	1.42, 5.17
19	73.6	C	—	—	—	1.42, 2.96, 5.17

位置	^{13}C	DEPT	^1H	^1H-^1H COSY	HMQC (C→H)	HMBC (C→H)
20	43.0	CH	1.38, m	1.08, 2.02	1.38	1.08, 1.42
21	27.6	CH$_2$	2.02, (2H), m	1.09, 1.38	2.02	1.08
22	39.8	CH$_2$	1.09, m 1.59, m	1.59, 2.02 1.09	1.09, 1.59	—
23	69.0	CH$_2$	3.73, d, J = 10Hz 4.19, d, J = 10Hz	4.19 3.73	3.72, 4.19	1.09
24	14.0	CH$_3$	1.09, s	—	1.09	
25	17.0	CH$_3$	1.06, s	—	1.06	
26	18.4	CH$_3$	1.26, s	—	1.26	
27	25.5	CH$_3$	1.67, s	—	1.67	
28	177.9	C	—	—	—	2.96, 6.34
29	27.9	CH$_3$	1.42, s	—	1.42	
30	17.6	CH$_3$	1.08, d, J = 5.6Hz	1.38	1.08	
1′	96.8	CH	6.34, d, J = 7.6Hz	4.26	6.34	4.26
2′	75.0	CH	4.26, t, J = 8.4Hz	4.34, 6.34	4.26	4.34
3′	79.9	CH	4.34, t, J = 8.8Hz	4.26, 4.40	4.34	4.26
4′	72.2	CH	4.40, t, J = 8.6Hz	4.08, 4.34	4.40	4.34
5′	80.2	CH	4.08, m	4.40, 4.45, 4.50	4.08	—
6′	63.3	CH$_2$	4.45, m 4.50, m	4.08, 4.50 4.08, 4.45	4.45 4.50	
	19-OH		5.17, s	—	—	

X-单晶衍射：使用色谱甲醇对长梗冬青苷重结晶进行 X-单晶衍射测定。结果显示，长梗冬青苷是由一个吡喃葡萄糖环和 5 个六元环组成，5 个六元环是以 A/B 反式、B/C 反式和 D/E 顺式连接。在一个晶胞不对称单元中含有两个长梗冬青苷分子，并通过氢键堆积成二维层状结构。长梗冬青苷的分子结构和原子序号见图 3-51、二维层状结构见图 3-52，长梗冬青苷的晶体数据见表 3-27。

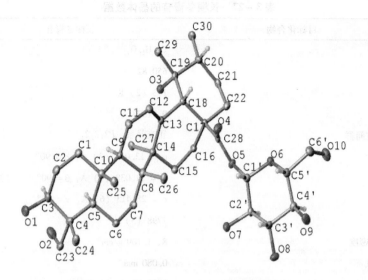

图3-51　长梗冬青苷的分子结构和原子序号

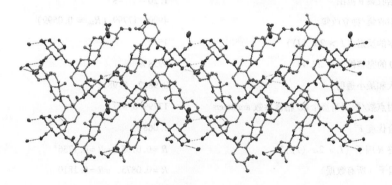

图3-52　长梗冬青苷的二维层状结构

表 3-27　长梗冬青苷的晶体数据

目标化合物	长梗冬青苷
分子式	$C_{36}H_{58}O_{10}$
分子量	650.82
温度	173 (2) K
波长	0.71073 Å
晶系，空间群	正交晶系，$P2_12_12_1$
晶胞尺寸	a = 13.046 (3) Å，α = 90°
	b = 21.038 (4) Å，β = 90°
	c = 28.413 (6) Å，γ = 90°
体积	7798 (3) Å^3
Z，计算密度	8，1.109 g/cm^3
吸收系数	0.080 mm^{-1}
F (000)	2832
晶体尺寸	0.24 mm × 0.17 mm × 0.15 mm
数据收集 θ 范围	1.20 - 27.48°
反射收集/独立收集	49901/17799 (R_{int} = 0.0599)
观察的反射 ($I > 2\sigma$ (I))	15117
对 θ 的完整性 θ = 27.49	99.8%
最大和最小透射	0.9882，0.9812
衍射点数/限制精修个数/精修参数 arameters	17799/0/837
拟合优度 F^2	1.068
最终 R 因子 ($I > 2\sigma$ (I))[a]	R = 0.0765，wR = 0.1736[a]
R 因子（所有数据）	R = 0.0875，wR = 0.1810
最大残余电子密度峰和谷	0.576，-0.406 e/Å^3

4. 样品的分装

采用进口 2 mL 棕色瓶进行分装。分装是在相对独立和洁净空间进行的，以每瓶 5 mg 分装，用十万分之一天平称量，共计 600 瓶，以 1 ~ 600 号计。分装好的样品瓶放置在 4℃冰箱中长期保存。

三、研制与程序

1. 稳定性检验

取本样品，在 4℃的条件下放置 2 年，分别于 0、1、2、3、6、9、12、

18、24 个月时取样，测定其纯度。按照樱花素标准样品稳定性检验方法，以直线模型作为经验模型，采用 t 检验和 F 检验对稳定性数据进行分析，未观测到样品的不稳定性。

2. 均匀性检验

采用随机顺序重复测量的方法进行纯度分析。由于所制备的样品单元数小于 100，根据随机数表，分别抽取 10 瓶样品进行均匀性检验。按 3 种程序分别从每瓶中称取 1.0 mg 样品 3 份，每份样品加色谱甲醇溶解，并定容至 5 mL，进行 HPLC 分析。按照樱花素标准样品稳定性检验方法进行趋势分析和方差分析，采用 F 检验确定均匀性数据是否符合正态分布，结果表明该样品是均匀的。

3. 定值

采用与稳定性检验、均匀性检验相同的分析方法，对样品进行定值分析。纯度计算方法为峰面积归一化法。定值结果由标准值和不确定度组成。数据处理方法同樱花素标准样品。

长梗冬青苷标准样品的定值结果为 99.60%，扩展不确定度为 0.13%。

第六节 典型甾醇类标准样品 β-谷甾醇研制示范

一、概况

甾醇类化合物是甾族化合物中一类仲醇，在该族中发现最早，自然界中分布甚广。根据来源的不同，可分为动物甾醇、植物甾醇和霉菌甾醇 3 种。β-谷甾醇属于植物甾醇，该标准样品研制任务来源于国家标准化管理委员会制订的 2012 年国家标准样品研复制计划（S2012089）。β-谷甾醇在高等植物体内分布很广，许多中药都含有此类物质，如人参、桃仁、白芍、地骨皮、赤芍、白芥子等。β-谷甾醇具有降胆固醇、抗炎镇痛、抑制肿瘤和类激素功能。β-谷甾醇标准样品的制备采用有机溶剂对白芥子提取获得脂溶性部位，通过皂化反应获得不皂化物质，对不皂化物质进行硅胶柱层析的分离，得到 β-谷甾醇粗品；采用重结晶法对其进行纯化，获得单体化合物（表 3 - 28）。

表 3 – 28　β-谷甾醇基本信息

英文名称：β-sitosterol	
CAS 号：64996 – 52 – 0	
分子式：$C_{29}H_{50}O$	
分子量：414.39	
化学结构式（见右图）	

二、制备及表征技术

1. 样品的制备

干燥白芥子粉碎，取 9.56 kg 采用 6 倍量石油醚加热回流提取 4 h，重复提取 4 次，回收溶剂得到脂肪油 2.25 kg，脂肪油获得率为 23.54%；所得脂肪油以 7 倍量的 4% 氢氧化钾甲醇溶液皂化 3 h，回收甲醇，得到皂化物；水溶解，乙酸乙酯萃取 3 次，乙酸乙酯层用水洗至中性，加适量无水硫酸钠脱水，滤过，回收乙酸乙酯，得到不皂化物为 90.2 g。以乙酸乙酯重结晶，共分离得到 β-谷甾醇粗品 8 g。在 60℃ 水浴条件下，用 1600 mL 色谱级甲醇，将 8 g β-谷甾醇粗品溶解于 2000 mL 三角瓶中，形成 β-谷甾醇过饱和溶液，缓慢冷却至室温（25℃）。经过 2 次甲醇重结晶后，得到 3.6 g 柱状透明晶体，采用 HPLC – ELSD 进行含量测定，纯度为 95% 以上（图 3 – 53）。

图 3 – 53　β-谷甾醇晶体

2. 纯度分析

液相色谱分析：采用岛津 LC – 20A 高效液相色谱仪，配蒸发光散射检测器，Kromasil 100 – 5C18 色谱柱（4.6 × 250 mm，5 μm）。流动相为甲醇—水（99∶1，v/v）；流速为 1.0 mL/min；柱温 30℃；进样量 10 μL（图 3 – 54）。

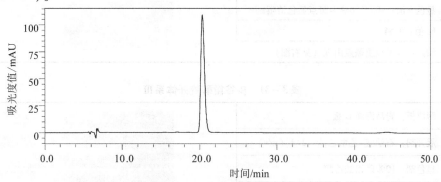

图 3 – 54　β-谷甾醇的 HPLC 谱图

薄层色谱分析：采用 3 种展开体系进行检测，点样量分别为 20 μg、40 μg、60 μg、80 μg、100 μg（表 3 – 29 ~ 表 3 – 31）。

表 3 – 29　β-谷甾醇展开体系 I

薄层板：青岛海洋 G 板	
展开剂：石油醚∶乙酸乙酯 = 3∶1（v/v）	
显色剂：10% 磷钼酸乙醇	
显色方法：105℃加热至斑点显色清晰	
Rf 值：0.41	
结论：未见杂质斑点出现（见右图）	

表 3 – 30　β-谷甾醇展开体系 II

薄层板：青岛海洋 G 板	
展开剂：石油醚：正己烷：乙酸乙酯：甲酸 = 4：6：3：0.2（v/v）	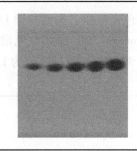
显色剂：10% 磷钼酸乙醇	
显色方法：105℃加热至斑点显色清晰	
Rf 值：0.54	
结论：未见杂质斑点出现（见右图）	

表 3 – 31　β-谷甾醇展开体系 III

薄层板：青岛海洋 G 板	
展开剂：石油醚：乙酸乙酯 = 2：1（v/v）	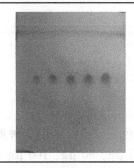
显色剂：10% 磷钼酸乙醇	
显色方法：105℃加热至斑点显色清晰	
Rf 值：0.56	
结论：未见杂质斑点出现（见右图）	

3. 结构确证

紫外—可见光谱分析：对 β-谷甾醇进行紫外—可见光谱全波长扫描，未见吸收峰。

红外光谱分析：β – 谷甾醇样品，溴化钾压片，扫描范围 400 cm^{-1} – 4000 cm^{-1} 测定红外光谱，见图 3 – 62。IR（KBr）v，cm^{-1}：3421（OH 伸缩振动），2993（CH$_3$ 伸缩振动），2864（CH$_2$ 伸缩振动），1641（C = C 伸缩振动），1463（CH$_2$ 伸缩振动），1375（CH$_3$ 伸缩振动），1053（C – O – C 伸缩振动）。见图 3 – 55。

质谱分析：直接取样，配制溶液，进行质谱检测。β – 谷甾醇的质谱数据见图 3 – 56。EI – MS m/z（%）：414（M$^+$，56），399（M – CH$_3$，22），396（M – H$_2$O，33），381（M – CH$_3$ – H$_2$O，22），255（M – SC – H$_2$O，35），231（M – SC – 42，20），213（M – SC – 42 – H$_2$O，35），43（Me$_2$CH$_2$，100）。

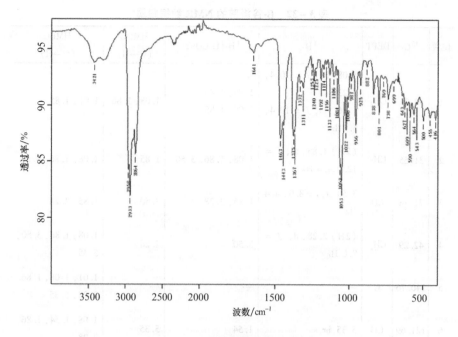

图3-55　β-谷甾醇的红外光谱谱图

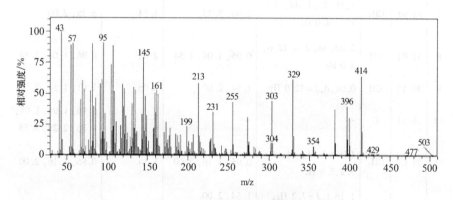

图3-56　β-谷甾醇的质谱谱图

核磁共振分析：以氘代氯仿为溶剂，测定^{1}H、^{13}C、DEPT、COSY、HMQC及HMBC的核磁共振数据，TMS为内标，其归属结果见表3-32、图3-57~图3-62。

表3-32 β-谷甾醇的 NMR 数据归属

位置	^{13}C	DEPT	^{1}H	^{1}H-^{1}H COSY	HMQC (C→H)	HMBC (C→H)
1	37.26	CH$_2$	1.08, dd, J = 10.4, 5.2Hz 1.86, dd, J = 10.4, 5.2Hz	1.85, 1.86 1.08, 1.85	1.08, 1.86	1.01, 1.85
2	31.65	CH$_2$	(2H) 1.85, td, J = 12.0, 4.4 Hz	1.08, 1.86, 3.50	1.85	1.08, 1.86, 3.50
3	71.78	CH	3.50, tt, J = 8.0, 4.4 Hz	1.85, 2.28	3.50	1.85, 2.28
4	42.29	CH$_2$	(2H) 2.28, d, J = 8.0 Hz	3.50	2.28	1.08, 1.86, 3.50, 5.35
5	140.76	C	—	—	—	1.01, 1.08, 1.86. 2.28, 5.35
6	121.69	CH	5.35, br, s	1.54	5.35	1.08, 1.54, 1.86, 2.28
7	31.91	CH$_2$	(2H) 1.54, dd, J = 12.0, 4.0 Hz	2.00, 5.35	1.54	5.35, 2.00
8	31.91	CH	2.00, td, J = 12.0, 4.0 Hz	0.96, 1.04, 1.54	2.00	0.96, 1.04, 1.54
9	50.15	CH	0.96, d, J = 12.0 Hz	1.54, 2.00	0.96	1.01, 1.54, 2.00
10	36.51	C	—	—	—	0.96, 1.01, 1.08, 1.86, 2.28, 5.35
11	21.09	CH$_2$	(2H) 1.54, dd, J = 7.2, 3.6 Hz	0.96, 1.16, 2.00	1.54	0.96, 1.16, 2.00
12	39.79	CH$_2$	1.16, t, J = 7.2 Hz, 2.00, t, J = 3.6 Hz	1.54, 2.00 1.16, 1.54	1.16, 2.00	1.13, 1.54
13	42.32	C	—	—	—	0.68, 1.04, 1.13, 1.16, 2.00
14	56.77	CH	1.04, td, J = 12.0, 5.2 Hz	1.07, 1.61, 2.00	1.04	0.68, 1.07, 1.13, 1.16, 1.61, 2.00

续表

位置	^{13}C	DEPT	^{1}H	^{1}H-^{1}H COSY	HMQC (C→H)	HMBC (C→H)
15	24.30	CH$_2$	1.07, td, J = 10.4, 5.2 Hz 1.61, td J = 10.4, 5.2 Hz	1.04, 1.29, 1.61, 1.86 1.04, 1.07, 1.29, 1.86	1.07, 1.61	1.04, 1.29, 1.86
16	28.24	CH$_2$	1.29, td, J = 10.4, 4.0 Hz 1.86, td, J = 10.4, 4.0 Hz	1.07, 1.13, 1.61, 1.86 1.07, 1.13, 1.29, 1.61	1.29, 1.86	1.07, 1.13, 1.35, 1.61
17	56.08	CH	1.13, t, J = 4.0 Hz	1.29, 1.35, 1.86	1.13	0.68, 1.29, 1.35, 1.86
18	11.85	CH$_3$	(3H)0.68, s	—	0.68	1.13, 1.16, 2.00
19	19.39	CH$_3$	(3H)1.01, s	—	1.01	0.96, 1.08, 1.86
20	36.14	CH	1.35, m	0.93, 1.04, 1.13, 1.32	1.35	0.93, 1.04, 1.13, 1.32
21	18.78	CH$_3$	(3H)0.93, d, J = 4.8 Hz	1.35	0.93	1.13, 1.35
22	33.96	CH2	1.04, m 1.32, m	1.19, 1.32, 1.35, 1.04, 1.19, 1.35	1.04, 1.32	0.95, 1.19, 1.35
23	26.12	CH2	(2H)1.19, m	0.95, 1.04, 1.32	1.19	0.95, 1.04, 1.32
24	45.85	CH	0.95, m	1.19, 1.27, 1.71	0.95	0.82, 0.83, 1.19, 1.27, 1.71
25	29.18	CH	1.71, m	0.82, 0.83, 0.95	1.71	0.82, 0.83, 0.95
26	19.81	CH$_3$	(3H)0.82, d, J = 6.8 Hz	1.71	0.82	0.95, 1.71
27	19.05	CH$_3$	(3H)0.83, d, J = 6.4 Hz	1.71	0.83	0.82, 1.71
28	23.08	CH$_2$	(2H)1.27, m	0.85, 0.95	1.27	0.85, 0.95, 1.19
29	11.98	CH$_3$	(3H)0.85, t, J = 7.2 Hz	1.27	0.85	0.95, 1.27

X-单晶衍射：β-谷甾醇晶体结构中共包含 5 个氢键，形成了一个五元环，即 O1 – H1···O3 – H3B···O2 – H3A – O3 – H3B···O2 – H2···O1 – H1，其中 O1 和 O2 为晶胞中的氧原子，O3 来自水（图 3 – 63、表 3 – 33）。

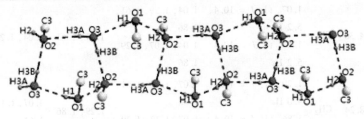

图 3 – 63　β-谷甾醇晶体结构中的氢键结构

表 3 – 33　β-谷甾醇的晶体数据

目标化合物	β-谷甾醇
分子式	$C_{29}H_{50}O \cdot 1/2H_2O$
分子量	423.70
温度	101（2）K
波长	0.71073 Å
晶系，空间群	单斜晶系，$P2_1$
晶胞尺寸	$a = 9.4226$（7）Å $\alpha = 90°$
	$b = 7.4824$（9）Å $\beta = 93.117°$（6）
	$c = 36.889$（3）Å $\gamma = 90°$
体积	2597（4）Å^3
Z，计算密度	4，1.084 g/cm^3
吸收系数	0.064 mm^{-1}
F（000）	948
晶体尺寸	0.80 × 0.80 × 0.10 mm
数据收集 θ 范围	3.32 ~ 26°
反射收集/独立收集	19634/10157［$R_{int} = 0.0463$（inf – 0.9Å）］
观察的反射（$I > 2\sigma$（I））	10157
完整性	99.7%
最大和最小透射	0.9937，0.9507
衍射点数/限制精修个数/精修参数	10157/32/569
拟合优度 F^2	1.069
最终 R 因子［$I > 2\sigma$（I）］[a]	$R_1 = 0.0886$，$wR_2 = 0.2234$[a]
R 因子（所有数据）	$R_1 = 0.0988$，$wR_2 = 0.2316$
绝对结构参数	0（2）
最大残余电子密度峰和谷	0.526，−0.451 e/ Å^3

4. 样品的分装

采用进口 2 mL 棕色瓶进行分装。分装是在相对独立和洁净空间里进行的，以每瓶 10 mg 分装，用十万分之一天平称量，共计 300 瓶，以 1 ~ 300 号计。分装好的样品瓶放置在 4℃ 冰箱中长期保存。

三、研制与程序

1. 稳定性检验

取本样品，在 4℃ 的条件下放置 2 年，分别于 0、1、2、3、6、9、12、18、24 个月时取样，测定其纯度。按照樱花素标准样品稳定性检验方法，以直线模型作为经验模型，采用 t 检验和 F 检验对稳定性数据进行分析，未观测到样品的不稳定性。

2. 均匀性检验

采用随机顺序重复测量的方法进行纯度分析。由于所制备的样品单元数小于 100，根据随机数表，分别抽取 10 瓶样品进行均匀性检验。按 3 种程序分别从每瓶中称取 1.0 mg 样品 3 份，每份样品加色谱甲醇溶解，并定容至 5 mL，进行 HPLC 分析。按照樱花素标准样品稳定性检验方法进行趋势分析和方差分析，采用 F 检验确定均匀性数据是否符合正态分布，结果表明该样品是均匀的。

3. 定值

采用与稳定性检验、均匀性检验相同的分析方法，对样品进行定值分析。纯度计算方法为峰面积归一化法。定值结果由标准值和不确定度组成。数据处理方法同樱花素标准样品。

β-谷甾醇标准样品的定值结果为 95.41%，扩展不确定度为 0.30%。

第七节　典型内酯类标准样品青蒿素研制示范

一、概况

内酯类化合物是指同一分子中的羧基与羟基相互作用脱水而形成的酯类化合物。青蒿素是一种内酯类成分，该标准样品研制任务来源于国家标准化管理委员会制订的 2005 年国家标准样品研复制计划（S2005224）。青蒿素是 1971 年我国药学工作者以菊科植物黄花蒿 *Artemisia annua* L. 叶的干燥地上部分为原料，用溶剂提取、中性氧化铝柱分离、重结晶等方法分离纯化和干燥后得到的一种具有过氧桥的倍半萜内酯类化合物，具有抗疟、抗心律失常、抗肺孢子虫病、抗肿瘤、抗血吸虫和弓形虫感染等多种药理活性，近年国际上以青蒿素为原料的新药研制工作受到比较大的重视（表3-34）。

表3-34　青蒿素基本信息

英文名称：Artemisinin	
CAS号：63968-64-9	
分子式：$C_{15}H_{22}O_5$	
分子量：282.2	
化学结构式（见右图）	

二、制备及表征技术

1. 样品的制备

称取干燥粉碎的药材1 kg，用5 L石油醚于45℃搅拌提取2次，每次2 h，提取液用活性炭脱色后过滤、浓缩，蒸去石油醚，得到石油醚提取物。中性氧化铝经烘干预处理后用洗脱剂湿法装入层析柱中，经石油醚—乙酸乙酯体系反复柱层析，HPLC跟踪检测，收集含有青蒿素的洗脱液合并减压浓缩，得到青蒿素样品。将上述青蒿素样品经50%乙醇重结晶，经反复结晶后得高纯度青蒿素单体，过滤并干燥（图3-64）。

2. 纯度分析

恒定洗脱：采用岛津LC-20A高效液相色谱仪，配蒸发光散射检测器；色谱柱：Waters XTerra RP18柱（4.6×150 mm，5 μm）。流动相为甲醇—0.2%甲酸水（55：45，v/v）；流速为1.0 mL/min；柱温30℃；进样量10μL。

梯度洗脱：采用岛津LC-20A高效液相色谱仪，配蒸发光散射检测器；色谱柱：Waters XTerra RP18柱（4.6×150 mm，5 μm）。流速为1.0 mL/min；柱温30℃；进样量2 μL。

梯度条件见表3-35，梯度洗脱色谱见图3-65。

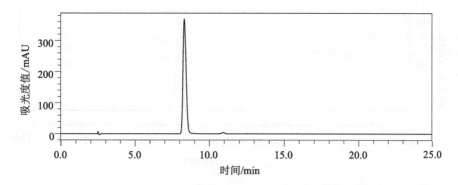

图 3－64 青蒿素的恒定洗脱 HPLC 谱图

表 3－35 青蒿素的 HPLC 梯度程序

时间/min	0	10	20	45	50
甲醇/（v/v）	15	60	80	100	100
0.2%甲酸水/（v/v）	85	40	20	0	0

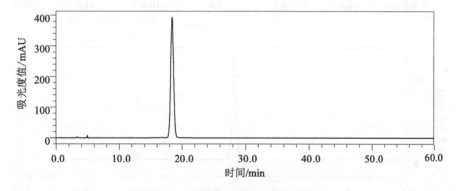

图 3－65 青蒿素的梯度洗脱色谱谱图

不同色谱柱：①色谱柱：Waters XTerra RP18 （4.6×150 mm，5 μm）；流动相：甲醇—0.2%甲酸水 （68：32，v/v）；②色谱柱：Phenomenex Luna 5u C18 （4.6×250 mm，5 μm）；流动相：甲醇—0.2%甲酸水 （80：20，v/v）；③色谱柱：DIKMA Diamonsil 5u C18 （4.6×250 mm，5 μm）；流动相：甲醇—0.2%甲酸水 （80：20，v/v）。其余相同分析条件：流速：1.0 mL/min；柱温：30℃；检测器：40℃，压力350 kPa，增益值：10 （图3－66）。

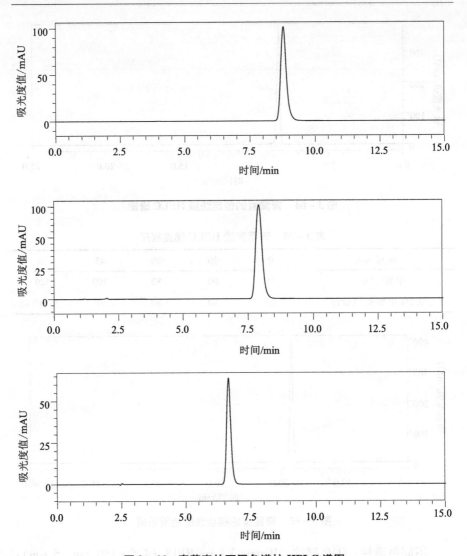

图 3 - 66　青蒿素的不同色谱柱 HPLC 谱图

薄层色谱分析：采用 2 种展开体系进行检测，点样量分别为 20 μg、40 μg、60 μg、80 μg、100 μg（表 3 - 36、表 3 - 37）。

表 3 – 36　青蒿素展开体系 I

薄层板：硅胶 G254 板	
展开剂：石油醚：乙酸乙酯 = 4：1（v/v）	
显色剂：硫酸乙醇	
显色方法：105℃ 加热至斑点显色清晰	
Rf 值：0.36	
结论：未见杂质斑点出现（见右图）	

表 3 – 37　青蒿素展开体系 II

薄层板：硅胶 G254 板	
展开剂：正己烷：乙酸乙酯：乙酸 = 8：1：0.5（v/v）	
显色剂：硫酸乙醇	
显色方法：105℃ 加热至斑点显色清晰	
Rf 值：0.38	
结论：未见杂质斑点出现（见右图）	

3. 结构确证

通过熔点、红外光谱、质谱、核磁共振对青蒿素进行结构确认，试验结果见表 3 – 38～3 – 40，图见 3 – 67～3 – 71。

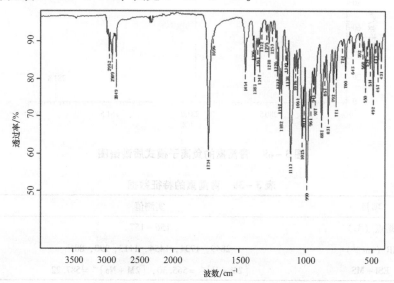

图 3 – 67　青蒿素的红外光谱谱图

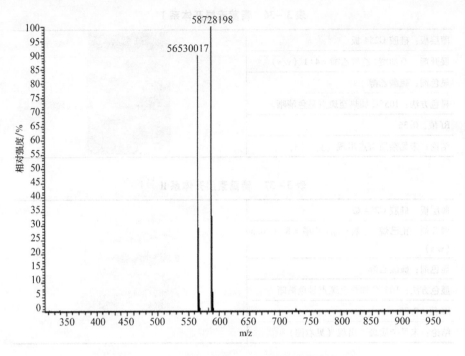

图 3 - 68　青蒿素的正离子模式质谱谱图

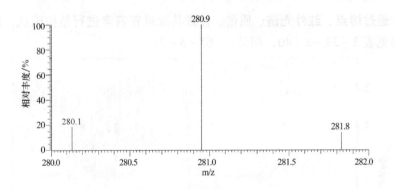

图 3 - 69　青蒿素的负离子模式质谱谱图

表 3 - 38　青蒿素的特征数据

项目	实测值
熔点（℃）	156 ~ 157
IR（cm^{-1}）	2849, 1734, 1454, 1113, 990, 881
ESI - MS	$[2M + H]^+ = 565.30$，$[2M + Na]^+ = 587.22$

表 3 - 39 青蒿素的核磁共振氢谱数据

H 位置	测定值	文献值
1	1.39	1.40
2	1.45	1.45
3	1.79	1.78
	1.09	1.09
4	1.88	1.87
	1.10	1.09
5	1.79	1.78
7	5.87	5.86
9	2.44	2.44
	2.03	2.03
10	2.06	2.07
	1.48	1.45
11	3.39	3.40
13	1.21	1.21
14	1.01	1.00
15	1.44	1.45

表 3 - 40 青蒿素的核磁共振碳谱数据

C 位置	测定值	文献值
1	50.24	50.34
2	37.71	37.55
3	33.79	33.78
4	23.59	23.44
5	45.14	45.14
6	79.70	79.62
7	93.91	93.76
8	105.57	105.29
9	36.09	36.14
10	25.05	24.97
11	33.09	33.00
12	172.26	171.54
13	12.76	12.52
14	20.03	19.76
15	25.40	25.22

元素分析：根据 JY/T 017 – 1996 元素分析仪方法通则进行测试。青蒿素元素分析测定值为 C 63.4%、H 7.2%；青蒿素元素分析计算值为 C 63.8%、H 7.8%，测定值与计算值一致。

4. 样品的分装

采用进口 4 mL 棕色瓶进行分装。分装是在相对独立和洁净空间里进行的，以每瓶 10 mg 分装，用十万分之一天平称量，共计 95 瓶，以 1 ~ 95 号计。分装好的样品瓶放置在 4℃冰箱中长期保存。

三、研制与程序

1. 稳定性检验

取本样品，在 4℃的条件下放置 2 年，分别于 0、6、12、18、24 个月时取样，测定其纯度。按照樱花素标准样品稳定性检验方法，以直线模型作为经验模型，采用 t 检验和 F 检验对稳定性数据进行分析，未观测到样品的不稳定性。

2. 均匀性检验

采用随机顺序重复测量的方法进行纯度分析。由于所制备的样品单元数小于 100，根据随机数表，分别抽取 10 瓶样品进行均匀性检验。按 3 种程序分别从每瓶中称取 1.5 mg 样品 3 份，每份样品加色谱甲醇溶解，并定容至 5 mL，进行 HPLC 分析。按照樱花素标准样品稳定性检验方法进行趋势分析和方差分析，采用 F 检验确定均匀性数据是否符合正态分布，结果表明该样品是均匀的。

3. 定值

采用与稳定性检验、均匀性检验相同的分析方法，对样品进行定值分析。纯度计算方法为峰面积归一化法。定值结果由标准值和不确定度组成。数据处理方法同樱花素标准样品。

青蒿素标准样品的定值结果为 99.50%，扩展不确定度为 0.14%。

第八节　典型类标准样品水苏糖研制示范

一、概况

糖类化合物是由碳、氢、氧组成的有机物。在化学结构上糖类是多羟基醛酮以及它们的多聚体。糖类广泛存在于植物界，是植物体的主要组成物质，对植物的生理和生化过程起着重要作用，根据其结构不同，可分为单糖、二糖、三糖和多糖等。水苏糖是由果糖、葡萄糖、半乳糖、半乳糖聚合而成的四糖，该标准样品研制任务来源于国家标准化管理委员会制订的 2012 年国家标准样品研复制计划（S2012091）。水苏糖是一种天然存在的、可显著促进双歧杆菌增殖的功能性低聚糖，味稍甜（甜度为蔗糖的22%），味道纯正，无任何不良口感或异味，主要用于医疗、保健、食品添加剂以及糖尿病等特殊疾病患者的替代食品。水苏糖能迅速改善人体消化道内环境，调节微生态菌群平衡，促进维生素 B_1、B_2、B_6、B_{12} 等的合成，促进胃肠道对钙的吸收，增强人体免疫力，可作为功能性食品添加剂，满足患有糖尿病、肥胖症和高脂血症等特殊人群的需要。水苏糖的功效具有较高的国际认可度，在日本被作为"特定保健食品"，在美国被FDA 认定为 GRAS（一般安全无毒食品），在德国被列入《国民健康手册》推荐食用。水苏糖标准样品由对水苏属植物银条 *Stachys floridana* Schuttl ex Benth 进行水提取、乙醇沉淀、离子交换树脂纯化、重结晶等技术制备而成（表 3 –41）。

表 3 –41　水苏糖基本信息

英文名称：Stachyose	
CAS 号：470 – 55 – 3	
分子式：$C_{24}H_{42}O_{21}$	
分子量：666.58	
化学结构式（见右图）	

二、制备及表征技术

1. 样品的制备

将采用发酵法从银条的地下茎中提取出的水苏糖粗品作为水苏糖标准样品的原料。将干银条加入 5 倍 80℃热水浸提 1 h，经压榨、过滤得到银条水提液。采用日本曲霉与乳酸菌的混合菌株对银条水提液进行发酵。发酵液再用活性炭脱色，过滤，即得纯度约为 80% 水苏糖粗品。采用 Sepha-dexG-10 葡聚糖凝胶和透析膜对水苏糖粗品进行纯化。将上述水苏糖粗品加样至 SephadexG-10 葡聚糖凝胶柱，以水进行洗脱，使用糖度计进行监测，待有糖分流出时，进行样品收集，经液相色谱分析，将含水苏糖的馏分收集，装入透析袋中，密封后置于蒸馏水中，过夜，将透析袋中的水苏糖液体冷冻干燥，得到干粉，再加甲醇重结晶，过滤，得水苏糖样品，真空干燥。

2. 纯度分析

液相色谱分析：称取样品 10 mg，加水溶解，并定容至 10 mL 容量瓶中，过 0.45 μm 微孔滤膜，即得 1 mg/mL 的样品溶液。采用 Agilent1200 型高效液相色谱（HPLC）仪，配蒸发光散射检测器，色谱柱：Grace 公司 Prevail carbonhydrate ES column 色谱柱（4.6×250 mm，5 μm）。流动相：乙腈—水（65:35，v/v）；流速：1.0 mL/min；柱温：30℃。ELSD 条件：漂移管温度为 95℃，载气流速为 2.5 mL/min。进样量：5 μL（图 3 -72）。

薄层色谱分析：采用 3 种展开体系进行检测，点样量分别为 20 μg、40 μg、60 μg、80 μg、100 μg（表 3 -42 ~ 表 3 -44）。

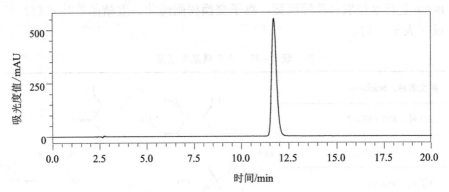

图 3 -72 水苏糖的 HPLC 谱图

表 3 -42 水苏糖展开体系 I

薄层板：硅胶 G254 板	
展开剂：乙酸乙酯:甲醇:水:冰醋酸 = 3:2:1:2（v/v）	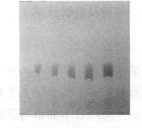
显色剂：α-萘酚浓硫酸	
显色方法：105°C 加热至斑点显色清晰	
Rf 值：0.39	
结论：未见杂质斑点出现（见右图）	

表 3 – 43　水苏糖展开体系 II

薄层板：硅胶 G254 板	
展开剂：乙腈：冰醋酸：水 = 6：3：2 （v/v）	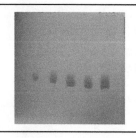
显色剂：α-萘酚浓硫酸	
显色方法：105℃ 加热至斑点显色清晰	
Rf 值：0.40	
结论：未见杂质斑点出现 （见右图）	

表 3 – 44　水苏糖展开体系 III

薄层板：硅胶 G254 板	
展开剂：正丁醇：异丙醇：乙酸：水 = 5：2：2：4 （v/v）	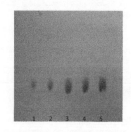
显色剂：α-萘酚浓硫酸	
显色方法：105℃ 加热至斑点显色清晰	
Rf 值：0.33	
结论：未见杂质斑点出现 （见右图）	

3. 结构确证

元素分析：水苏糖的分子式为 $C_{24}H_{42}O_{21}$，元素分析的计算值为 C 43.22%、H 6.35%；实际测定值为 C 42.98%、H 6.74%。测定值与计算值一致。

红外光谱分析：水苏糖样品，溴化钾压片，扫描范围 400 cm^{-1} – 4000 cm^{-1} 测定红外光谱，见图 3 – 83。IR（KBr），v，cm^{-1}：3316（OH 伸缩振动），2915（CH_2 伸缩振动），1022（C – O – C 伸缩振动）。见图 3 – 73。

质谱分析：水苏糖的高分辨质谱见图 3 – 84。HR – ESI – MS（ – ）：[M – H]$^-$ = 665.21442（$C_{24}H_{41}O_{21}$，Calcd. for 665.2140），[M – H + 2Na]$^-$ = 711.21991，与水苏糖的分子式符合。见图 3 – 74。

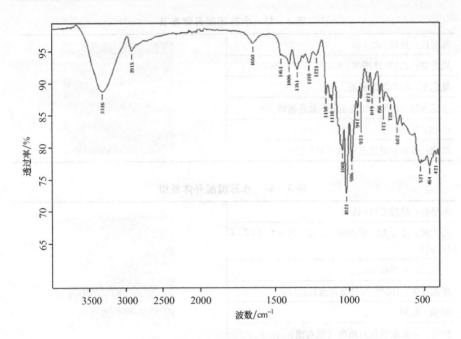

图 3 - 73　水苏糖的红外光谱谱图

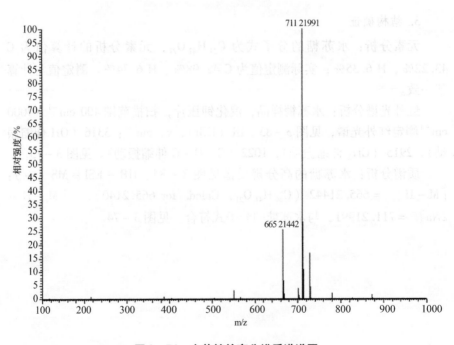

图 3 - 74　水苏糖的高分辨质谱谱图

核磁共振分析：以重水为溶剂，进行[1]H-NMR 和[13]C-NMR 分析。测定结果见图 3 – 75、图 3 – 76，并对其进行了归属。^{1}H-NMR（D_2O，400 MHz，δ）：5.34（1H，d，J = 3.6，Glc – 1），4.90（2H，m，Gal – 1）。^{13}C-NMR（D_2O，100 MHz，δ）：103.8（C-5），98.4（C-13），98.0（C-18），92.1（C-7），81.4（C-3），76.4（C-4），74.0（C-2），72.7（C-9），71.3（C-8），71.0（C-11），70.9（C-23），69.5（C-20），69.5（C-21），69.4（C-14），69.4（C-10），69.2（C-17），68.8（C-15），68.4（C-16），68.3（C-22），66.5（C-18），65.9（C-12），62.5（C-6），61.5（C-24），61.2（C-1）。

X-单晶衍射：使用甲醇∶丙酮∶水（1∶1∶2，v/v）对水苏糖重结晶，进行 X-单晶衍射测定。结果显示，水苏糖是由两分子 α-D-半乳糖、一分子 α-D-葡萄糖和一分子 β-D-果糖以 Gal（α1→6）-Gal（α1→6）-Glc（α1→2β）-Fru 方式连接组成。水苏糖分子通过氢键连接堆积成三维层状结构。水苏糖的分子结构和原子序号见图 3 – 77、三维层状结构见图 3 – 78。

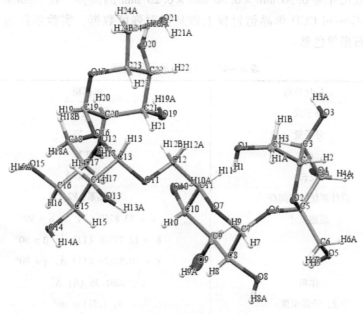

图 3 – 77　水苏糖的分子结构和原子序号

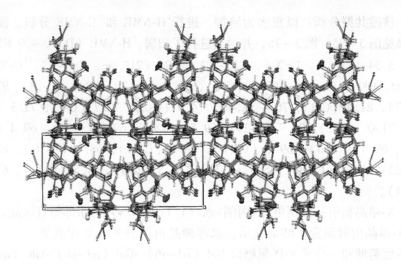

图 3 - 78　水苏糖的三维层状结构

选取尺寸为 0.50 mm × 0.50 mm × 0.25 mm 的晶体，在 Agilent Xcalibur-Eos-Gemini CCD 单晶衍射仪上收集衍射强度数据。实验条件为 MoKα 射线，石墨单色器。

表 3 - 45　水苏糖的晶体数据

目标化合物	水苏糖
分子式	$C_{24}H_{42}O_{21}$
分子量	666.59
度	107 K
波长	1.54180 Å
晶体系统，空间群	正交晶系，$P2_12_12$
晶胞尺寸	a = 23.8760 (3) Å，α = 90°
	b = 12.71028 (12) Å，β = 90°
	c = 10.81279 (11) Å，γ = 90°
体积	3281.36 (6) Å³
Z，计算密度	4，1.511 g/cm³
吸收系数	1.230 mm⁻¹
F (000)	1576
晶体尺寸	0.50 mm × 0.50 mm × 0.25 mm
数据收集 θ 范围	7.40 - 143.58°
反射收集/独立收集	23486/6380（R_{int} = 0.0212）

续表

目标化合物	水苏糖
观察的反射（$I > 2\sigma$ （I））	15117
完整性	0.995
最大和最小透射	1.000, 0.619
衍射点数/限制精修个数/精修参数	6380/6/475
拟合优度 F^2	1.082
最终 R 因子（$I > 2$ （（I））[a]	$R = 0.0666$, $wR = 0.1791$ [a]
R 因子（所有数据）	$R = 0.0671$, $wR = 0.1797$
最大残余电子密度峰和谷	0.922, − 0.406 e/Å³

4. 样品的分装

采用进口 2 mL 棕色瓶进行分装。分装是在相对独立和洁净空间进行的，以每瓶 10 mg 分装，用十万分之一天平称量，共计 400 瓶，以 1 ~ 400 号计。分装好的样品瓶放置在 4℃冰箱中长期保存。

三、研制与程序

1. 稳定性检验

取本样品，在 4℃的条件下放置 2 年，分别于 0、1、2、3、6、9、12、18、24 个月时取样，测定其纯度。按照樱花素标准样品稳定性检验方法，以直线模型作为经验模型，采用 t 检验和 F 检验对稳定性数据进行分析，未观测到样品的不稳定性。

2. 均匀性检验

采用随机顺序重复测量的方法进行纯度分析。由于所制备的样品单元数小于 100，根据随机数表，分别抽取 10 瓶样品进行均匀性检验。按 3 种程序分别从每瓶中称取 1.0 mg 样品 3 份，每份样品加色谱甲醇溶解，并定容至 5 mL，进行 HPLC 分析。按照樱花素标准样品稳定性检验方法进行趋势分析和方差分析，采用 F 检验确定均匀性数据是否符合正态分布，结果表明该样品是均匀的。

3. 定值

采用与稳定性检验、均匀性检验相同的分析方法，对样品进行定值分析。纯度计算方法为峰面积归一化法。定值结果由标准值和不确定度组成。数据处理方法同樱花素标准样品。

结论：水苏糖标准样品的定值结果为 99.62%，扩展不确定度为 0.09%。

第九节　典型醛类标准样品肉桂醛研制示范

一、概况

醛类是分子中含有醛基（－CHO）的化合物的统称，依醛基的数目又可分为一元醛和多元醛。醛的化学性质非常活泼，能与亚硫酸氢钠、氢、氨等起加成反应，并易被弱氧化剂氧化成相应的羧酸。肉桂醛苯丙烯醛标准样品的研制任务来源于国家标准化管理委员会制订的 2012 年国家标准样品研复制计划（S2012090）。肉桂醛主要存在于樟科植物肉桂 *Cinnamomum cassia* Presl. 的干燥树皮中。在已测得的肉桂挥发油中，肉桂醛相对含量高达 87%。肉桂醛应用广泛，主要用于药物、香料、染料、化妆品等领域。通过研究表明，肉桂醛对小鼠有明显的镇静解热的作用，且其为肉桂中脂溶性抗溃疡的活性成分，对小鼠刺激性溃疡的形成有抑制作用，但不影响胃蛋白酶分泌。除此之外，肉桂醛及其衍生物可通过抑制 NO 的生成而发挥抗炎的作用；可抑制肿瘤细胞的增殖，并对 8 种酵母及酵母样真菌、7 种皮癣菌及 5 种深部真菌皆有一定的抑菌和杀菌作用。肉桂醛标准样品通过对植物肉桂的干燥茎皮进行乙醚加热回流提取，亚硫酸氢钠萃取，盐酸酸化后取乙醚液，硅胶柱层色谱分离，高效液相色谱获得（表 3 – 46）。

表 3 –46　肉桂醛基本信息

英文名称：Cinnamaldehyde	
CAS 号：104 – 55 – 2	
分子式：C_9H_8O	
分子量：132.06	
化学结构式（见右图）	

二、制备及表征技术

1. 样品的制备

肉桂药材粉碎，过 80 目筛，称取 100 g 粉末。乙醚加热回流提取 3 次，300 mL/次，提取液过滤，合并，置于 1000 mL 茄形瓶中，43℃常压蒸馏回收乙醚至瓶中剩余液体为油状。取 15% 亚硫酸氢钠溶液 250 mL，置于 1000 mL 分液漏斗中。将肉桂乙醚提取物转移至 1000 mL 分液漏斗中，并用乙醚洗涤，洗涤液合并，置于分液漏斗中。间断地用力振摇分液漏斗，使肉桂提取液中的天然醛类化合物与亚硫酸氢钠充分反应。分液漏斗中有大量的白色片状沉淀产生，静置。取上层乙醚液，置于 500 mL 的茄形瓶中，并用乙醚洗涤中、下层部分 3 次，合并后，常压蒸馏回收乙醚，残留液置于 20 mL 广口瓶中，密闭，待用。用 100 mL 的 5% Na_2CO_3 溶液洗涤 1 次，以中和乙醚萃取液中的酸性成分，蒸馏水洗涤 3 次。将乙醚萃取液用无水硫酸钠脱水，静置过夜。过滤，常压蒸馏回收溶剂，即得醛类化合物的粗提物。

采用制备 HPLC 对肉桂醛粗品进行纯化。将上述肉桂醛样品经制备 HPLC 分离，色谱条件为 Mightysil RP – 18 GP 色谱柱（20×250 mm，5 μm），流动相 A 为乙腈—水（50:50，v/v）；流速为 10 mL/min；检测波长为 290 nm。收集色谱峰，减压回收溶剂，待液体中有油状物浮出时用乙醚萃取，合并乙醚层，再用无水硫酸钠脱水，静置过夜，过滤，常压蒸馏（43℃）回收乙醚，得到肉桂醛样品。

2. 纯度分析

液相色谱分析：采用 Shimadzu LC – 20AT 型高效液相色谱仪，迪马 Di-amonsil – C18（2）色谱柱（4.6×150 mm，5 μm）。流动相：乙腈—水（35:65，v/v）；流速：1.0 mL/min；柱温：30℃。检测波长 290 nm；进样量：10 μL（图 3 – 79）。

三维全光谱扫描分析：在紫外光区（200 ~ 400 nm）进行了三维全光谱扫描，结果见图 3 – 80。

薄层色谱分析：采用 3 种展开体系进行检测，点样量分别为 20 μg、40 μg、60 μg、80 μg、100 μg（表 3 – 47 ~ 表 3 – 49）。

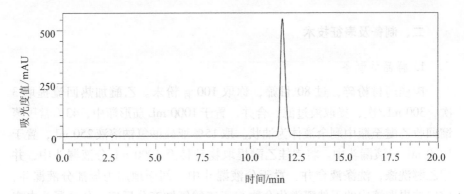

图 3－79　肉桂醛的 HPLC 谱图

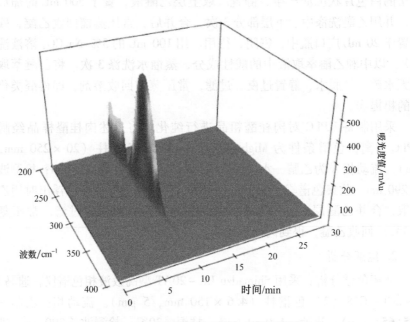

图 3－80　肉桂醛的三维全光谱扫描图

表 3－47　肉桂醛展开体系 I

薄层板：青岛海洋 G 板	
展开剂：石油醚∶乙酸乙酯 = 17∶3（v/v）	
显色剂：2,4-二硝基苯肼硫酸甲醇	
显色方法：喷雾后显色	
Rf 值：0.42	
结论：未见杂质斑点出现（见右图）	

表 3 – 48　肉桂醛展开体系 II

薄层板：青岛海洋 G 板	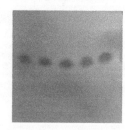
展开剂：正己烷∶丙酮∶甲酸 = 8∶2∶0.1（v/v）	
显色剂：2, 4-二硝基苯肼硫酸甲醇	
显色方法：喷雾后显色	
Rf 值：0.43	
结论：未见杂质斑点出现（见右图）	

表 3 – 49　肉桂醛展开体系 III

薄层板：青岛海洋 G 板	
展开剂：石油醚∶正己烷∶乙酸乙酯∶甲酸 = 4∶6∶3∶0.2（v/v）	
显色剂：2, 4-二硝基苯肼硫酸甲醇	
显色方法：喷雾后显色	
Rf 值：0.50	
结论：未见杂质斑点出现（见右图）	

3. 结构确证

元素分析：肉桂醛的分子式为 C_9H_8O。肉桂醛元素分析计算值为 C 81.78%、H 6.12%；实际测定值为 C 81.8%、H 6.11%。测定值与计算值一致。

紫外—可见光谱分析：肉桂醛的紫外—可见光谱扫描图见图 3 – 81。$UV_{\lambda max}$：206，219，283 nm。

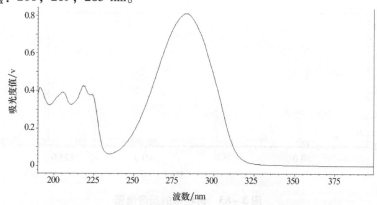

图 3 – 81　肉桂醛的紫外—可见光谱谱图

红外光谱分析：肉桂醛样品，溴化钾压片，扫描范围 400 cm^{-1}–4000 cm^{-1} 测定红外光谱，见图 3–93。IR（KBr），v，cm^{-1}：3027（OH 伸缩振动），2818，2744（CH 伸缩振动），1671（C＝O 伸缩振动），1625（C＝C 伸缩振动），974（＝C–H 伸缩振动）。见图 3–82。

质谱分析：肉桂醛的质谱数据见图 3–94。EI–MS：m/z 132（M$^+$），131（M–H），103（M–CHO）。见图 3–83。

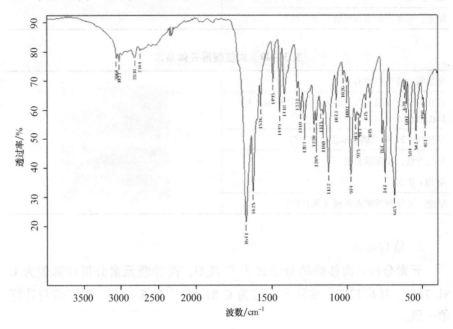

图 3–82　肉桂醛的红外光谱谱图

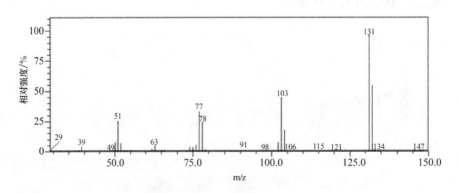

图 3–83　肉桂醛的质谱谱图

核磁共振分析：以氘代氯仿为溶剂，进行[1]H-NMR、^{13}C-NMR 分析，并对其进行了归属。^{1}H-NMR（CDCl$_3$，400 MHz，δ）：9.72（1H，d，$J=7.6$ Hz，1），7.50（2H，m，3）、7.59（2H，m，5，9），7.45（3H，m，6，7，8），6.74（1H，d，$J=8$ Hz，2）。^{13}C-NMR（CDCl$_3$，100 MHz，δ）：193.8（1），152.9（3），134.0（4），131.3（2），129.1（6，8），128.6（5，9），128.3（7）。

4. 样品的分装

采用进口 2 mL 棕色瓶进行分装。分装是在相对独立和洁净空间里进行的，以每瓶 100 mg 分装，用十万分之一天平称量，共计 200 瓶，以 1～200 号计。分装好的样品瓶放置在 4℃冰箱中长期保存。

三、研制与程序

1. 稳定性检验

取本样品，在 4℃的条件下放置 2 年，分别于 0、1、2、3、6、9、12、18、24 个月时取样，测定其纯度。按照樱花素标准样品稳定性检验方法，以直线模型作为经验模型，采用 t 检验和 F 检验对稳定性数据进行分析，未观测到样品的不稳定性。

2. 均匀性检验

采用随机顺序重复测量的方法进行纯度分析。由于所制备的样品单元数小于 100，根据随机数表，分别抽取 10 瓶样品进行均匀性检验。按 3 种程序分别从每瓶中称取 1.0 mg 样品 3 份，每份样品加色谱甲醇溶解，并定容至 5 mL，进行 HPLC 分析。按照樱花素标准样品稳定性检验方法进行趋势分析和方差分析，采用 F 检验确定均匀性数据是否符合正态分布，结果表明该样品是均匀的。

3. 定值

采用与稳定性检验、均匀性检验相同的分析方法，对样品进行定值分析。纯度计算方法为峰面积归一化法。定值结果由标准值和不确定度组成。数据处理方法同樱花素标准样品。

结论：肉桂醛标准样品的定值结果为 98.41%，扩展不确定度为 0.06%。

第四章 天然产物国家标准样品
研制申报资料

第一节 国家标准样品研制、
定值和证书的规范文本格式

一、天然产物国家标准样品研制报告参考格式

×××国家标准样品评审材料（3-1）

×××国家标准样品
研 制 报 告

×× （单位名称）
××年××月

目　录

1 前言

任务的来源（国家计划项目编号）、承担单位或参加单位情况简介、参与研制的主要参加人信息、研制的目的和意义、要达到的具体技术指标（标准值和相应的测量不确定度）、研（复）制的工作程序（或技术路线）等，以及该样品的中文名称、英文名称、化学名称、化学结构式、分子式、分子量等信息。

图× ×××的化学结构

2 ×××单体的分离制备

2.1 原料的来源

如科、属、种、拉丁文名称和所用材料的部位。

2.2 分离制备的方法

该标准样品的加工、提取、分离、纯化过程，以及制备流程图。

2.3 仪器

分离制备过程中所用到的主要仪器，包括仪器型号、规格、生产厂家等信息。

2.4 试剂

材料的来源、分离制备过程中所用到的试剂种类，以及规格。

2.5 分离制备的实验方法与步骤

分离制备的具体过程包括样品的处理、分离纯化的方法和步骤，以及样品的收集方法，并提供必要的谱图。

柱层析需提供：所用填料型号、上样方式、上样量、洗脱溶剂、样品收集方法等信息。

逆流色谱需提供：所用溶剂体系的组成、上样方式、上样量、洗脱方式、样品收集方法等信息。

超临界萃取需提供：所用萃取剂种类、上样方式、上样量、萃取压力、萃取温度、萃取时间、样品收集方法等信息。

2.6　分装和储存

样品的分装方式、包装规格、样品的数量所使用包装的材质，以及相应的保存条件。

3　×××样品的纯度分析方法

测定该样品纯度的分析方法。

3.1　仪器

分析仪器的型号、生产厂家、包含组件及工作站等信息。

3.2　色谱条件

薄层色谱分析数据和色谱图。

分析中所使用色谱柱的规格、型号和流动相、柱温、分析时间、检测器等条件，以及该单体的 HPLC 分析谱图。

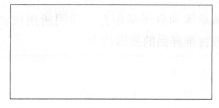

图×　×××单体的 HPLC 分析谱图

3.2.1　仪器与试剂

3.2.2　供试品溶液配制

3.2.3　色谱条件确定

3.2.3.1　流动相的选择

3.2.3.2　洗脱方式的选择

3.2.3.2.1　梯度洗脱

3.2.3.2.2　等度洗脱

3.2.3.3　色谱柱的选择

3.2.4　供试品、溶解溶剂的选择

4 ×××单体的结构表征

4.1 紫外—可见光谱

通过紫外光谱确定该单体的紫外特征吸收。注明所用仪器型号、测定方法、相应的解析，以及该标准样品的紫外—可见光谱谱图。

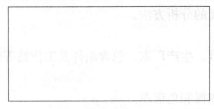

图×　×××单体的紫外—可见光谱谱图

4.2 质谱

通过质谱确定该单体的分子量信息。注明所用仪器型号、测定方法、相应的解析，以及该标准样品的质谱谱图。

图×　×××单体的质谱谱图

4.3 红外光谱

通过红外光谱确定该单体的官能团信息。注明所用仪器型号、测定方法、相应的解析，以及该标准样品的红外光谱谱图。

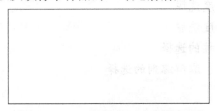

图×　×××单体的红外光谱谱图

4.4 核磁共振氢谱和碳谱

通过核磁共振的氢谱和碳谱确定该单体的结构信息。注明所用仪器型号、测定方法、相应的解析，该标准样品的氢谱、碳谱数据和参考文献数据，以及该标准样品的核磁谱图和对应的化学结构。

表× ×××的 ^{1}H-NMR 测试数据（仅供参考）

H 的位置	×××	
	测定值	文献值
×		
×		
×		
×		
×		
×		
×		

表× ×××的 ^{13}C-NMR 测试数据（仅供参考）

C 的位置	×××	
	测定值	文献值
×		
×		
×		
×		
×		
×		

图× ×××的 ^{1}H-NMR 谱图

图× ×××的 ^{13}C-NMR 谱图

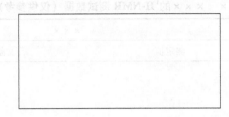

图× ×××的化学结构

4.5 熔点

注明仪器型号、测定方法，以及测定结果。

4.6 比旋度

注明仪器型号、测定方法，以及测定结果。

4.7 元素分析

注明仪器型号、测定方法，以及测定结果。

4.8 结论

分离制备所得单体为×××。

5 ×××单体样品的均匀性检验

最小包装量、检测方法的选取、检测数据的获得和处理、检验准则的确定和检验结论。

表× ×××样品均匀性检验结果（仅供参考）

样品号	×	×	×	×	×	×	×	×	×	×
第一份										
第二份										
第三份										
平均值										
总体平均值										
最大值										
最小值										
极差										
标准偏差										
F 值										
$F_{0.05(×,×)}$										

6　×××单体样品的稳定性检验

检测方法的选取、检测时间间隔的确定、检测数据的处理、判断准则的确定和检验结论。

表×　×××样品在×××储存条件下的稳定性（仅供参考）

检测时间	××× 纯度/%
×	
×	
×	
×	
平均值	
标准偏差	

7　定值程序的描述

采用的定值方法（具体定值过程可以在定值报告中详细叙述）、所确定的特征值和相应的参数（包括标准值 μ、相应的扩展不确定度 U_{95}）。如可能，还应提供实验室内重复性标准偏差 S_r 和复现性标准偏差 S_R 等参数。

8　试用情况

根据实际情况酌情处理，也可以不提供。

9　包装、标志、标签

包装、标志、标签的具体规定。

10　贮存、运输

贮存、运输的具体规定。

11　参考文献

[序号] 作者．书名 [M]．出版地：出版者，出版年：页码．（引自著作）

[序号] 作者．篇目 [J]．刊名，出版年，卷号（期号）：页码．（引

自期刊）

　　［序号］作者．题名［D］．学院，年．（引自学位论文）

　　［序号］作者．标题［N］．报名，×（年）－×（月）－×（日）．（引自报纸）

　　［序号］作者．题名［C］．会议录或会议名，出版时间：页码．（引自会议）

　　注：1. 文献类型标识：专著［M］、期刊文章［J］、学位论文［D］、报纸文章［N］、论文集［C］。2. 作者姓名无论中外文，一律采用姓前名后的形式著录；作者不超过 3 人时可全部著录，超过 3 人时只著录前 3 位，其后加"等"或"et al."。

12　附录

　　提供紫外—可见光谱、质谱、红外光谱、核磁共振氢谱和碳谱的原始谱图，如在其他检测机构测试，需提供该单位的检测报告。

12.1　×××的紫外－可见光谱图（仅供参考）

12.2　×××的质谱谱图（仅供参考）

12.3　×××的红外光谱谱图（仅供参考）

12.4　×××的^{1}H-NMR 谱谱图（仅供参考）

12.5　×××的^{13}C-NMR 谱谱图（仅供参考）

12.6　×××检测报告（仅供参考）

二、天然产物国家标准样品定值报告参考格式

×××国家标准样品评审材料（3-2）

×××国家标准样品
定 值 报 告

×× （单位名称）

××年××月

目　录

1 概述

1.1 定值所采用检测方法的选取
1.2 参加定值实验室的选取
1.3 实验室间协作定值计划的编制（包括定值时间进度表）
1.4 数据统计处理
1.5 检验准则名称等

2 定值数据一览表

表× ×××标准样品×个实验室定值数据（仅供参考）

项目	检测单位	纯度/%
×		
×		
×		
×		
×		
×		
×		
×		

3 数据的统计、处理和计算

表× ×个实验室测得的×××标准样品的平均纯度（仅供参考）

样品	检测单位	纯度/%
×		
×		
×		
×		
×		
×		
×		
平均值		
标准偏差		

4 计算获得的各个技术参数

根据相关统计学公式计算 μ、U95 等的具体数值。

5 结论

×××标准样品的纯度标准值和置信度为95%的不确定度。

6 参加标准样品定值实验室信息

表×　参加标准样品定值实验室信息表

序号	参加定值实验室名称	参加人代表	通讯地址	联系电话

7 附录

定值原始数据、检测报告、谱图等相关资料。

三、天然产物国家标准样品证书参考格式

×××国家标准样品评审材料（3-3）

中华人民共和国

国家标准样品证书

GSB － －

（标准样品中文名称）

（标准样品英文名称）

研制单位：

定值日期：　　　年　　月　　日

有效日期：　　　年　　月　　日

发布日期：　　　年　　月　　日

国家市场监督管理总局、国家标准化管理委员会批准

1 名称及相关信息

样品的中文名称、英文名称、化学名称、CAS 号、化学结构式、分子式、分子量、熔点、比旋度等相关信息。

2 材料来源

如科、属、种、拉丁名称和所用材料的部位，以及加工、提取、分离、纯化、鉴定的过程。

3 理化性质

需提供该标准样品的颜色、状态，以及在不同溶剂中的溶解性质等信息。

4 规格、包装

需提供该标准样品的包装规格，以及所使用包装的材质。

5 预期用途

需提供该标准样品的预期用途。

6 标准样品的正确使用方法

需提供该标准样品的溶解条件、使用注意事项，以及参考的分析条件和参考谱图。

7 标准样品的贮存及运输

需提供该标准样品的保存条件和运输时的注意事项。

8 均匀性检验和稳定性检验描述

根据 GB/T 15000.5《化学成分标准样品技术通则》的规定，对该标准样品进行均匀性检验和稳定性检验，并进行描述。

9 获得特性标准值使用的方法

需提供获得特性标准值所使用的方法。

注：特性标准值依赖于测量方法的应给出具体方法。

10　定值结果

需提供多家实验室联合定值的结果，其中包括纯度标准值、置信度为95%的不确定度。

11　溯源性

根据 GB/T 15000.3《标准样品定值的一般原则和统计方法》的规定，提供该标准样品的溯源性。

12　有效期

根据稳定性试验结果，提供该标准样品的有效期。

13　其他信息

如危险情况。

14　生产者信息

需提供单位名称、地址，单位联系人姓名、电话、传真、电子邮件等信息。

注：当研制单位与生产单位不一致时，生产者应包括研制单位。

第二节 天然产物国家标准样品清单

表1 2009—2018年天然产物标准样品研（复）制项目完成情况

序号	标准样品编号	名称	研（复）制单位	状态	有效期
1	GSB 11 - 2564 - 2010	虫草素标准样品	中山市理科虫草制品有限公司	已颁布	2年
2	GSB 11 - 2739 - 2011	异紫草素标准样品	中国科学院新疆理化技术研究所	已颁布	2年
3	GSB 11 - 2740 - 2011	异槲皮素标准样品	中国科学院新疆理化技术研究所	已颁布	2年
4	GSB 11 - 2790 - 2011	橙皮苷标准样品	北京市理化分析测试中心、山东省分析测试中心	已颁布	2年
5	GSB 11 - 2791 - 2011	橙皮素标准样品	山东省分析测试中心、北京市理化分析测试中心	已颁布	2年
6	GSB 11 - 2792 - 2011	丹参酮Ⅰ标准样品	山东省分析测试中心、北京市理化分析测试中心	已颁布	2年
7	GSB 11 - 2793 - 2011	丹参酮ⅡA标准样品	北京市理化分析测试中心、山东省分析测试中心	已颁布	2年
8	GSB 11 - 2794 - 2011	隐丹参酮标准样品	北京市理化分析测试中心、山东省分析测试中心	已颁布	2年
9	GSB 11 - 2795 - 2011	二苯乙烯苷标准样品	北京市理化分析测试中心、北京市天宝物华生物技术有限公司	已颁布	1年
10	GSB 11 - 2796 - 2011	淫羊藿苷标准样品	北京市理化分析测试中心、北京市天宝物华生物技术有限公司	已颁布	1年
11	GSB 11 - 1438 - 2012	白藜芦醇标准样品	北京市理化分析测试中心	已颁布	1年
12	GSB 11 - 1439 - 2012	表没食子儿茶素没食子酸酯标准样品	北京市理化分析测试中心	已颁布	1年
13	GSB 11 - 1496 - 2012	葛根素标准样品	北京市理化分析测试中心	已颁布	1年
14	GSB 11 - 1500 - 2012	白藜芦醇苷标准样品	山东省分析测试中心、北京市理化分析测试中心	已颁布	2年

续表

序号	标准样品编号	名称	研（复）制单位	状态	有效期
15	GSB 11 - 2953 - 2012	茄尼醇标准样品	山东省分析测试中心、北京市理化分析测试中心	已颁布	2 年
16	GSB 11 - 2954 - 2012	黄芩苷标准样品	山东省分析测试中心、北京市理化分析测试中心	已颁布	2 年
17	GSB 11 - 2955 - 2012	野黄芩苷标准样品	山东省分析测试中心、北京市理化分析测试中心	已颁布	2 年
18	GSB 11 - 2956 - 2012	白杨素标准样品	山东省分析测试中心、北京市理化分析测试中心	已颁布	2 年
19	GSB 11 - 2957 - 2012	杨梅素标准样品	山东省分析测试中心、北京市理化分析测试中心	已颁布	2 年
20	GSB 11 - 2958 - 2012	芹菜素标准样品	北京市理化分析测试中心、山东省分析测试中心	已颁布	2 年
21	GSB 11 - 2959 - 2012	木犀草素标准样品	北京市理化分析测试中心、山东省分析测试中心	已颁布	2 年
22	GSB 11 - 3072 - 2013	青蒿素标准样品	北京市理化分析测试中心、山东省分析测试中心、北京市天宝物华生物技术有限公司	已颁布	2 年
23	GSB 11 - 3073 - 2013	槐角苷标准样品	北京市理化分析测试中心、北京工商大学	已颁布	2 年
24	GSB 11 - 3074 - 2013	柚皮苷标准样品	北京市理化分析测试中心、北京工商大学	已颁布	2 年
25	GSB 11 - 3075 - 2013	柚皮素标准样品	北京市理化分析测试中心、北京工商大学	已颁布	2 年
26	GSB 11 - 3076 - 2013	4,9-脱水河豚毒素标准样品	国家海洋局第三海洋研究所	已颁布	2 年
27	GSB 11 - 3077 - 2013	黄芪甲苷标准样品	北京市理化分析测试中心、山东省分析测试中心、北京天宝物华生物技术有限公司	已颁布	2 年
28	GSB 11 - 3078 - 2013	高良姜素标准样品	北京市理化分析测试中心、北京工商大学	已颁布	2 年
29	GSB 11 - 3079 - 2013	蒜氨酸标准样品	新疆埃乐欣药业有限公司	已颁布	5 年

序号	标准样品编号	名称	研（复）制单位	状态	有效期
30	GSB 11－3080－2013	2-去氧葡萄糖标准样品	国家海洋局第三海洋研究所	已颁布	2 年
31	GSB 11－3081－2013	二十二碳六烯酸乙酯标准样品	国家海洋局第三海洋研究所	已颁布	2 年
32	GSB 11－3082－2013	二十碳五烯酸乙酯标准样品	国家海洋局第三海洋研究所	已颁布	2 年
33	GSB 11－3083－2013	牛磺酸标准样品	国家海洋局第三海洋研究所	已颁布	2 年
34	GSB 11－2530－2014	一枝蒿酮酸标准样品	中国科学院新疆理化技术研究所	已颁布	2 年
35	GSB 11－3205－2014	β-烟碱标准样品	北京市理化分析测试中心	已颁布	1 年
36	GSB 11－3206－2014	薯蓣皂素标准样品	北京市理化分析测试中心、北京工商大学	已颁布	1 年
37	GSB 11－3207－2014	二氢辣椒碱标准样品	山东省分析测试中心、山东经纬测试技术开发有限公司	已颁布	2 年
38	GSB 11－3208－2014	甘草酸标准样品	山东省分析测试中心、山东经纬测试技术开发有限公司	已颁布	2 年
39	GSB 11－3209－2014	姜黄素标准样品	山东省分析测试中心、山东经纬测试技术开发有限公司	已颁布	2 年
40	GSB 11－3213－2014	异鼠李素-3-O-芸香糖苷标准样品	中国科学院新疆理化技术研究所	已颁布	2 年
41	GSB 11－3214－2014	羟基红花黄色素 A 标准样品	中国科学院新疆理化技术研究所	已颁布	2 年
42	GSB 11－3215－2014	槲皮黄苷标准样品	中国科学院新疆理化技术研究所	已颁布	2 年
43	GSB 11－3216－2014	山萘苷素标准样品	中国科学院新疆理化技术研究所	已颁布	2 年
44	GSB 11－3240－2014	绿原酸标准样品	山东省分析测试中心、山东经纬测试技术开发有限公司	已颁布	2 年
45	GSB 11－3241－2014	新蔗果三糖标准样品	量子高科（中国）生物股份有限公司、山东省分析测试中心	已颁布	2 年

续表

序号	标准样品编号	名称	研（复）制单位	状态	有效期
46	GSB 11 - 3242 - 2014	异蔗果三糖标准样品	量子高科（中国）生物股份有限公司、山东省分析测试中心	已颁布	2 年
47	GSB 11 - 3243 - 2014	蔗果六糖标准样品	量子高科（中国）生物股份有限公司、山东省分析测试中心	已颁布	2 年
48	GSB 11 - 3244 - 2014	蔗果三糖标准样品	量子高科（中国）生物股份有限公司、山东省分析测试中心	已颁布	2 年
49	GSB 11 - 3245 - 2014	蔗果四糖标准样品	量子高科（中国）生物股份有限公司、山东省分析测试中心	已颁布	2 年
50	GSB 11 - 3246 - 2014	蔗果五糖标准样品	量子高科（中国）生物股份有限公司、山东省分析测试中心	已颁布	2 年
51	GSB 11 - 3247 - 2014	光甘草定标准样品	湖北阿泰克糖化学有限公司、山东省分析测试中心	已颁布	2 年
52	GSB11 - 2444 - 2014	牛蒡子苷标准样品	山东省分析测试中心	已颁布	2 年
53	GSB11 - 2445 - 2014	白鲜碱标准样品	山东省分析测试中心	已颁布	2 年
54	GSB11 - 2446 - 2014	梣酮标准样品	山东省分析测试中心	已颁布	2 年
55	GSB11 - 2447 - 2014	黄柏酮标准样品	山东省分析测试中心	已颁布	2 年
56	GSB11 - 2448 - 2014	京平尼苷标准样品	山东省分析测试中心	已颁布	2 年
57	GSB11 - 3210 - 2014	咖啡酸标准样品	北京化工大学	已颁布	2 年
58	GSB11 - 3211 - 2014	α-三联噻吩标准样品	北京化工大学	已颁布	2 年
59	GSB11 - 3212 - 2014	紫云英苷标准样品	北京化工大学	已颁布	2 年
60	GSB 11 - 3089 - 2013	海参皂苷 Holotoxin A1 标准样品	国家海洋局第一海洋研究所	已颁布	1 年半
61	GSB 11 - 3090 - 2013	海参皂苷 Cladoloside B 标准样品	国家海洋局第一海洋研究所	已颁布	1 年半
62	GSB 11 - 3091 - 2013	新琼二糖标准样品	国家海洋局第一海洋研究所	已颁布	2 年
63	GSB 11 - 3092 - 2013	胆甾-4-烯-3-酮标准样品	国家海洋局第一海洋研究所	已颁布	1 年半

续表

序号	标准样品编号	名称	研（复）制单位	状态	有效期
64	GSB 11 – 2450 – 2015	松果菊苷标准样品	山东省分析测试中心、山东经纬测试技术开发有限公司、中国标准化研究院食品与农业标准化研究所	已颁布	3 年
65	GSB 11 – 2451 – 2015	异槲皮苷标准样品	山东省分析测试中心、山东经纬测试技术开发有限公司	已颁布	2 年
66	GSB 11 – 3280 – 2015	辣椒碱标准样品	山东省分析测试中心、山东经纬测试技术开发有限公司	已颁布	3 年
67	GSB 11 – 3281 – 2015	獐牙菜醇苷标准样品	中国科学院西北高原生物研究所	已颁布	3 年
68	GSB 11 – 3288 – 2016	海藻糖标准样品	国家海洋局第三海洋研究所	已颁布	2 年
69	GSB 11 – 3289 – 2016	角鲨烯标准样品	国家海洋局第三海洋研究所	已颁布	2 年
70	GSB 11 – 3081 – 2016	二十二碳六烯酸甲酯标准样品	国家海洋局第三海洋研究所	已颁布	2 年
71	GSB 11 – 3082 – 2016	二十碳五烯酸甲酯标准样品	国家海洋局第三海洋研究所	已颁布	2 年
72	GSB 11 – 3290 – 2016	硫酸氨基葡萄糖标准样品	国家海洋局第三海洋研究所	已颁布	1 年
73	GSB 11 – 3291 – 2016	岩藻黄质标准样品	国家海洋局第三海洋研究所	已颁布	2 年
74	GSB 11 – 3292 – 2016	章鱼肉碱标准样品	国家海洋局第三海洋研究所	已颁布	2 年
75	GSB 11 – 3427 – 2017	反式—阿魏酸标准样品	北京工商大学、北京市理化分析测试中心	已颁布	2 年
76	GSB 11 – 3428 – 2017	金丝桃苷标准样品	北京工商大学、北京市理化分析测试中心	已颁布	2 年
77	GSB 11 – 3429 – 2017	玉米赤霉烯酮标准样品	国家粮食局科学研究院	已颁布	21 个月
78	GSB 11 – 3430 – 2017	脱氧雪腐镰刀菌烯醇标准样品	国家粮食局科学研究院	已颁布	21 个月
79	GSB 11 – 3431 – 2017	酪醇标准样品	北京林业大学、北京市理化分析测试中心	已颁布	18 个月
80	GSB 11 – 3432 – 2017	红景天苷标准样品	北京林业大学、北京市理化分析测试中心	已颁布	18 个月

续表

序号	标准样品编号	名称	研（复）制单位	状态	有效期
81	GSB 11 – 3433 – 2017	果果二糖标准样品	量子高科（中国）生物股份有限公司、北京市理化分析测试中心	已颁布	1 年
82	GSB 11 – 3434 – 2017	果果三糖标准样品	量子高科（中国）生物股份有限公司、北京市理化分析测试中心	已颁布	1 年
83	GSB 11 – 3435 – 2017	果果四糖标准样品	量子高科（中国）生物股份有限公司、北京市理化分析测试中心	已颁布	1 年
84	GSB 11 – 3436 – 2017	新蔗果四糖标准样品	量子高科（中国）生物股份有限公司、北京市理化分析测试中心	已颁布	1 年
85	GSB 11 – 3437 – 2017	2-O-β-D-吡喃半乳糖基-D-吡喃葡萄糖标准样品	量子高科（中国）生物股份有限公司、山东省分析测试中心	已颁布	2 年
86	GSB 11 – 3438 – 2017	3-O-β-D-吡喃半乳糖基-D-吡喃葡萄糖标准样品	量子高科（中国）生物股份有限公司、山东省分析测试中心	已颁布	2 年
87	GSB 11 – 3439 – 2017	6-O-β-D-吡喃半乳糖基-D-吡喃葡萄糖标准样品	量子高科（中国）生物股份有限公司、山东省分析测试中心	已颁布	2 年
88	GSB 11 – 3440 – 2017	白果内酯标准样品	山东省分析测试中心、山东天华制药有限公司	已颁布	2 年
89	GSB 11 – 3441 – 2017	腺苷标准样品	山东省分析测试中心	已颁布	2 年
90	GSB 11 – 3442 – 2017	银杏内酯 A 标准样品	山东省分析测试中心、山东天华制药有限公司	已颁布	2 年
91	GSB 11 – 3443 – 2017	银杏内酯 B 标准样品	山东省分析测试中心、山东天华制药有限公司	已颁布	2 年
92	GSB 11 – 3444 – 2017	银杏内酯 C 标准样品	山东省分析测试中心、山东天华制药有限公司	已颁布	2 年

序号	标准样品编号	名称	研（复）制单位	状态	有效期
93	GSB 11－3445－2017	牛蒡子苷元标准样品	山东雨霖食品有限公司、山东省分析测试中心、山东农业大学	已颁布	2 年
94	GSB 11－3079－2018	蒜氨酸标准样品	新疆埃乐欣制药有限公司	已颁布	5 年

表2　2009—2018 年天然产物国家标准样品研（复）制计划项目立项情况

序号	项目计划编号	项目名称	研(复)制	研制单位	项目进度	标样编号
1	S2011013	一支蒿酮酸标准样品	复制	中国科学院新疆理化技术研究所	已颁布	GSB 11－2530－2014
2	S2011015	补骨脂素标准样品	复制	山东省分析测试中心	已评审	
3	S2011016	异补骨脂素标准样品	复制	山东省分析测试中心	已评审	
4	S2011017	厚朴酚标准样品	复制	山东省分析测试中心	已评审	
5	S2011018	厚朴酚标准样品	复制	山东省分析测试中心	已评审	
6	S2011019	牛蒡子苷标准样品	复制	山东省分析测试中心	已颁布	GSB 11－2444－2014
7	S2011020	白鲜碱标准样品	复制	山东省分析测试中心	已颁布	GSB 11－2445－2014
8	S2011021	桦酮标准样品	复制	山东省分析测试中心	已颁布	GSB 11－2446－2014
9	S2011022	黄柏酮标准样品	复制	山东省分析测试中心	已颁布	GSB 11－2447－2014
10	S2011023	京尼平苷标准样品	复制	山东省分析测试中心	已颁布	GSB 11－2448－2014
11	S2011024	芒柄花素标准样品	复制	山东省分析测试中心	已评审	

续表

序号	项目计划编号	项目名称	研(复)制	研制单位	项目进度	标样编号
12	S2011025	松果菊苷标准样品	复制	山东省分析测试中心、山东经纬测试技术开发有限公司、中国标准化研究院食品与农业标准化研究所	已颁布	GSB 11 - 2450 - 2014
13	S2011026	异槲皮苷标准样品	复制	山东省分析测试中心、山东经纬测试技术开发有限公司	已颁布	GSB 11 - 2451 - 2014
14	S2011027	鹰嘴豆芽素 A 标准样品	复制	山东省分析测试中心	已评审	
15	S2011029	二十二碳六烯酸甲酯标准样品	研制	国家海洋局第三海洋研究所	研制中	
16	S2011030	二十碳五烯酸甲酯标准样品	研制	国家海洋局第三海洋研究所	研制中	
17	S2011171	辣椒碱标准样品	研制	山东省分析测试中心、山东经纬测试技术开发有限公司	已颁布	GSB 11 - 3280 - 2014
18	S2011172	二氢辣椒碱标准样品	研制	山东省分析测试中心、山东经纬测试技术开发有限公司	已颁布	GSB 11 - 3207 - 2014
19	S2011173	甘草酸标准样品	研制	山东省分析测试中心、山东经纬测试技术开发有限公司	已颁布	GSB 11 - 3208 - 2014
20	S2011174	芝麻素标准样品	研制	山东省分析测试中心、山东经纬测试技术开发有限公司	已颁布	GSB 11 - 3370 - 2016
21	S2011175	绿原酸标准样品	研制	山东省分析测试中心、山东经纬测试技术开发有限公司	已颁布	GSB 11 - 3240 - 2014
22	S2011176	姜黄素标准样品	研制	山东省分析测试中心、山东经纬测试技术开发有限公司	已颁布	GSB 11 - 3209 - 2014

序号	项目计划编号	项目名称	研(复)制	研制单位	项目进度	标样编号
23	S2011177	莫诺苷标准样品	研制	山东省分析测试中心、山东经纬测试技术开发有限公司	已评审	
24	S2011178	反式—阿魏酸标准样品	研制	北京工商大学、北京市理化分析测试中心	已颁布	GSB 11－3427－2017
25	S2011179	金丝桃苷标准样品	研制	北京工商大学、北京市理化分析测试中心	已颁布	GSB 11－3428－2017
26	S2011180	蒜氨酸标准样品	研制	新疆埃乐欣药业有限公司	已颁布	GSB 11－3079－2013
27	S2011181	2-去氧葡萄糖标准样品	研制	国家海洋局第三海洋研究所	已颁布	GSB 11－3080－2013
28	S2011182	二十二碳六烯酸乙酯标准样品	研制	国家海洋局第三海洋研究所	已颁布	GSB 11－3081－2013
29	S2011183	二十碳五烯酸乙酯标准样品	研制	国家海洋局第三海洋研究所	已颁布	GSB 11－3082－2013
30	S2011184	牛磺酸标准样品	研制	国家海洋局第三海洋研究所	已颁布	GSB 11－3083－2013
31	S2011185	咖啡酸标准样品	研制	北京化工大学	已颁布	GSB 11－3210－2014
32	S2011186	α-三联噻吩标准样品	研制	北京化工大学	已颁布	GSB 11－3211－2014
33	S2011290	紫云英苷标准样品	研制	北京化工大学	已颁布	GSB 11－3212－2014
34	S2011291	异鼠李素-3-O-芸香糖苷标准样品	研制	中科院新疆理化技术研究所	已颁布	GSB 11－3213－2014
35	S2011292	羟基红花黄色素 A 标准样品	研制	中科院新疆理化技术研究所	已颁布	GSB 11－3214－2014
36	S2011293	常春藤皂苷元标准样品	研制	中科院新疆理化技术研究所	已颁布	研制中

序号	项目计划编号	项目名称	研(复)制	研制单位	项目进度	标样编号
37	S2011294	槲皮黄苷标准样品	研制	中科院新疆理化技术研究所	已颁布	GSB 11 – 3215 – 2014
38	S2011295	山莨苣苦素标准样品	研制	中科院新疆理化技术研究所	研制中	
39	S2011296	山莨苣素标准样品	研制	中科院新疆理化技术研究所	已颁布	GSB 11 – 3216 – 2014
40	S2011297	海藻糖标准样品	研制	国家海洋局第三海洋研究所	已颁布	GSB 11 – 3289 – 2016
41	S2011298	角鲨烯标准样品	研制	国家海洋局第三海洋研究所	已颁布	GSB 11 – 3288 – 2016
42	S2011299	海参皂苷 Ho-lotoxin A1 标准样品	研制	国家海洋局第一海洋研究所	已颁布	GSB 11 – 3089 – 2013
43	S2011300	海参皂苷 Clad-oloside B 标准样品	研制	国家海洋局第一海洋研究所	已颁布	GSB 11 – 3090 – 2013
44	S2011337	喹烯酮标准样品	研制	沈阳标准样品研究所	研制中	
45	S2011338	那西肽标准样品	研制	沈阳标准样品研究所	研制中	
46	S2011339	氢溴酸常山酮标准样品	研制	沈阳标准样品研究所	研制中	
47	S2012082	新琼二糖标准样品	研制	国家海洋局第一海洋研究所	已颁布	GSB 11 – 3091 – 2013
48	S2012083	胆甾-4-烯-3-酮标准样品	研制	国家海洋局第一海洋研究所	已颁布	GSB 11 – 3092 – 2013
49	S2012084	10-脱乙酰基巴卡亭Ⅲ标准样品	研制	天津信汇制药股份有限公司	研制中	
50	S2012085	二氢杨梅素标准样品	研制	华南农业大学食品学院	研制中	
51	S2012086	β-烟碱标准样品	研制	北京市理化分析测试中心	已颁布	GSB 11 – 3205 – 2014

序号	项目计划编号	项目名称	研(复)制	研制单位	项目进度	标样编号
52	S2012087	长梗冬青苷标准样品	研制	中国中医科学院中药研究所、北京市理化分析测试中心	已评审	
53	S2012088	樱花素标准样品	研制	中国中医科学院中药研究所、北京市理化分析测试中心	已评审	
54	S2012089	β-谷甾醇标准样品	研制	中国中医科学院中药研究所、北京市理化分析测试中心	已评审	
55	S2012090	肉桂醛标准样品	研制	中国中医科学院中药研究所	已评审	
56	S2012091	水苏糖标准样品	研制	中国中医科学院中药研究所	已评审	
57	S2012092	玉米赤霉烯纯度标准样品	研制	国家粮食局科学研究院	已评审	
58	S2012093	脱氧雪腐镰刀菌烯醇纯度标准样品	研制	国家粮食局科学研究院	已评审	
59	S2013087	河豚毒素标准样品	复制	国家海洋局第三海洋研究所	研制中	GSB 11 – 2533 – 2009
60	S2014026	管花苷A标准样品	研制	中国科学院新疆理化技术研究所	研制中	
61	S2014027	2'-乙酰基麦角甾苷标准样品	研制	中国科学院新疆理化技术研究所	研制中	
62	S2014028	异麦角甾苷标准样品	研制	中国科学院新疆理化技术研究所	研制中	
63	S2014029	鹅掌楸树脂醇B二甲醚标准样品	研制	中国科学院新疆理化技术研究所	研制中	
64	S2014030	金腰乙素标准样品	研制	中国科学院新疆理化技术研究所	研制中	
65	S2014031	紫铆查尔酮标准样品	研制	中国科学院新疆理化技术研究所	研制中	

序号	项目计划编号	项目名称	研(复)制	研制单位	项目进度	标样编号
66	S2014032	紫铆素标准样品	研制	中国科学院新疆理化技术研究所	研制中	
67	S2014025	毛蕊花糖苷标准样品	研制	中国科学院新疆理化技术研究所	研制中	
68	S2014133	β-乙酰氧基异戊酰阿卡宁标准样品	研制	中国科学院新疆理化技术研究所	研制中	
69	S2014134	奎尼酸标准样品	研制	中国科学院新疆理化技术研究所	研制中	
70	S2014135	银椴苷标准样品	研制	中国科学院新疆理化技术研究所	研制中	
71	S2014136	田蓟苷标准样品	研制	中国科学院新疆理化技术研究所	研制中	
72	S2014137	委陵菜酸标准样品	研制	中国科学院新疆理化技术研究所	研制中	
73	S2014033	L-半胱氨酸标准样品	研制	国家海洋局第三海洋研究所	研制中	
74	S2014034	L-羟脯氨酸标准样品	研制	国家海洋局第三海洋研究所	研制中	
75	S2014035	二十二碳五烯酸甲酯标准样品	研制	国家海洋局第三海洋研究所	已颁布	GSB 11 - 3081 - 2016
76	S2014036	二十碳四烯酸甲酯标准样品	研制	国家海洋局第三海洋研究所	已颁布	GSB 11 - 3082 - 2016
77	S2014138	硫酸氨基葡萄糖标准样品	研制	国家海洋局第三海洋研究所	已颁布	GSB 11 - 3290 - 2016
78	S2014139	微囊藻毒素RR标准样品	研制	国家海洋局第三海洋研究所	研制中	
79	S2014140	α-亚麻酸标准样品	研制	国家海洋局第三海洋研究所	研制中	
80	S2014141	亚油酸甲酯标准样品	研制	国家海洋局第三海洋研究所	研制中	

序号	项目计划编号	项目名称	研(复)制	研制单位	项目进度	标样编号
81	S2014142	岩藻黄质标准样品	研制	国家海洋局第三海洋研究所	已颁布	GSB 11 - 3291 - 2016
82	S2014144	章鱼肉碱标准样品	研制	国家海洋局第三海洋研究所	已颁布	GSB 11 - 3292 - 2016
83	S2014037	光甘草定标准样品	研制	湖北阿泰克糖化学有限公司、山东省分析测试中心	已颁布	GSB 11 - 3247 - 2014
84	S2014038	异牡荆苷标准样品	研制	中国广州分析测试中心	研制中	
85	S2014039	雷公藤春碱标准样品	研制	浙江省宁波市疾病预防控制中心、浙江海洋学院、浙江大学	研制中	
86	S2014040	雷公藤碱乙标准样品	研制	浙江省宁波市疾病预防控制中心、浙江海洋学院、浙江大学	研制中	
87	S2014041	雷公藤次碱标准样品	研制	浙江省宁波市疾病预防控制中心、浙江大学、浙江海洋学院	研制中	
88	S2014042	雷公藤定碱标准样品	研制	浙江省宁波市疾病预防控制中心、浙江大学、浙江海洋学院	研制中	
89	S2014043	酪醇标准样品	研制	北京林业大学	已评审	
90	S2014044	红景天苷标准样品	研制	北京林业大学	已评审	
91	S2014045	黄芩素标准样品	研制	北京林业大学	研制中	
92	S2014046	小檗碱标准样品	研制	北京林业大学	研制中	
93	S2014047	甲基莲心碱标准样品	研制	中国标准化研究院	已评审	
94	S2014048	荷叶碱标准样品	研制	中国标准化研究院	已评审	
95	S2014248	新蔗果三糖标准样品	研制	量子高科（中国）生物股份有限公司、山东省分析测试中心	已颁布	GSB 11 - 3241 - 2014

序号	项目计划编号	项目名称	研(复)制	研制单位	项目进度	标样编号
96	S2014249	异蔗果三糖标准样品	研制	量子高科（中国）生物股份有限公司、山东省分析测试中心	已颁布	GSB 11 - 3242 - 2014
97	S2014250	蔗果六糖标准样品	研制	量子高科（中国）生物股份有限公司、山东省分析测试中心	已颁布	GSB 11 - 3243 - 2014
98	S2014251	蔗果三糖标准样品	研制	量子高科（中国）生物股份有限公司、山东省分析测试中心	已颁布	GSB 11 - 3244 - 2014
99	S2014252	蔗果四糖标准样品	研制	量子高科（中国）生物股份有限公司、山东省分析测试中心	已颁布	GSB 11 - 3245 - 2014
100	S2014253	蔗果五糖标准样品	研制	量子高科（中国）生物股份有限公司、山东省分析测试中心	已颁布	GSB 11 - 3246 - 2014
101	S2014254	獐牙菜醇苷标准样品	研制	中国科学院西北高原生物研究所	已颁布	GSB 11 - 3281 - 2014
102	S2015041	牛扁碱标准样品	研制	中国科学院新疆理化技术研究所		
103	S2015042	甲基牛扁碱标准样品	研制	中国科学院新疆理化技术研究所		
104	S2015043	高飞燕草碱标准样品	研制	中国科学院新疆理化技术研究所		
105	S2015044	光飞燕草碱标准样品	研制	中国科学院新疆理化技术研究所		
106	S2015045	德尔塔林标准样品	研制	中国科学院新疆理化技术研究所		
107	S2015046	西贝素标准样品	研制	中国科学院新疆理化技术研究所		
108	S2015047	西贝苷标准样品	研制	中国科学院新疆理化技术研究所		

序号	项目计划编号	项目名称	研(复)制	研制单位	项目进度	标样编号
109	S2015048	异鼠李素-3-O-β-D-半乳鼠李糖苷标准样品	研制	中国科学院新疆理化技术研究所		
110	S2015049	山奈酚-3-O-β-D-吡喃葡萄糖（2→1）-O-β-D-吡喃葡萄糖苷标准样品	研制	中国科学院新疆理化技术研究所		
111	S2015050	槲皮素-3-O-β-D-半乳糖（2→1）-O-β-D-吡喃葡萄糖苷标准样品	研制	中国科学院新疆理化技术研究所		
112	S2015051	安石榴苷标准样品	研制	中国科学院新疆理化技术研究所		
113	S2015052	鞣花酸标准样品	研制	中国科学院新疆理化技术研究所		
114	S2015053	玛咖烯（5-羟基-6E,8E-十八碳二烯酸）标准样品	研制	中山优诺生物科技发展有限公司		
115	S2015054	玛咖酰胺 I（N-苄基-9-羟基-12Z-十八碳烯酰胺）标准样品	研制	中山优诺生物科技发展有限公司		
116	S2015055	玛咖酰胺 II（N-苄基-9-羟基-12Z,15Z-十八碳二烯酰胺）标准样品	研制	中山优诺生物科技发展有限公司		
117	S2015056	黄豆黄苷标准样品	研制	北京市工业技师学院、北京化工大学		

续表

序号	项目计划编号	项目名称	研(复)制	研制单位	项目进度	标样编号
118	S2015057	L-三七素标准样品	研制	山东省分析测试中心		
119	S2015058	熊果酸标准样品	研制	山东省分析测试中心	已评审	
120	S2015059	人参皂苷 Rb1 标准样品	研制	昆明制药集团药物研究院		
121	S2015060	人参皂苷 Rg1 标准样品	研制	昆明制药集团药物研究院		
122	S2015061	曲札茋苷标准样品	研制	昆明制药集团药物研究院		
123	S2015062	羟基-β-山椒素标准样品	研制	中国标准化研究院、西南交通大学		
124	S2016169	安石榴林标准样品	研制	中国科学院新疆理化技术研究所		
125	S2016170	柯里拉京标准样品	研制	中国科学院新疆理化技术研究所		
126	S2016171	没食子儿茶素标准样品	研制	中国科学院新疆理化技术研究所		
127	S2016172	石榴皮亭 B 标准样品	研制	中国科学院新疆理化技术研究所		
128	S2016015	山莴苣素标准样品	复制	中国科学院新疆理化技术研究所		
129	S2016016	异槲皮素标准样品	复制	中国科学院新疆理化技术研究所		
130	S2016017	槲皮黄苷标准样品	复制	中国科学院新疆理化技术研究所		
131	S2016018	异紫草素标准样品	复制	中国科学院新疆理化技术研究所		
132	S2016019	异鼠李素 3-O-芸香糖苷标准样品	复制	中国科学院新疆理化技术研究所		

序号	项目计划编号	项目名称	研(复)制	研制单位	项目进度	标样编号
133	S2016020	羟基红花黄色素A标准样品	复制	中国科学院新疆理化技术研究所		
134	S2016021	蒜氨酸标准样品	复制	新疆埃乐欣药业有限公司		
135	S2016146	果果二糖标准样品	研制	量子高科（中国）生物股份有限公司、北京市理化分析测试中心	已颁布	
136	S2016147	果果三糖标准样品	研制	量子高科（中国）生物股份有限公司、北京市理化分析测试中心	已颁布	
137	S2016148	果果四糖标准样品	研制	量子高科（中国）生物股份有限公司、北京市理化分析测试中心	已颁布	
138	S2016149	新蔗果四糖标准样品	研制	量子高科（中国）生物股份有限公司、北京市理化分析测试中心	已颁布	
139	S2016150	β-D-吡喃半乳糖基-(1→2)-O-D-吡喃葡萄糖标准样品	研制	量子高科（中国）生物股份有限公司、山东省分析测试中心	已颁布	
140	S2016151	β-D-吡喃半乳糖基-(1→3)-O-D-吡喃葡萄糖标准样品	研制	量子高科（中国）生物股份有限公司、山东省分析测试中心	已颁布	
141	S2016152	β-D-吡喃半乳糖基-(1→6)-O-D-吡喃葡萄糖标准样品	研制	量子高科（中国）生物股份有限公司、山东省分析测试中心	已颁布	
142	S2016153	白果内酯标准样品	研制	山东省分析测试中心		
143	S2016154	汉黄芩苷标准样品	研制	山东省分析测试中心		
144	S2016155	汉黄芩素标准样品	研制	山东省分析测试中心		

续表

序号	项目计划编号	项目名称	研(复)制	研制单位	项目进度	标样编号
145	S2016156	木犀草苷标准样品	研制	山东省分析测试中心		
146	S2016157	忍冬苷标准样品	研制	山东省分析测试中心		
147	S2016158	腺苷标准样品	研制	山东省分析测试中心		
148	S2016159	银杏内酯A标准样品	研制	山东省分析测试中心		
149	S2016160	银杏内酯B标准样品	研制	山东省分析测试中心		
150	S2016161	银杏内酯C标准样品	研制	山东省分析测试中心		
151	S2016162	牛蒡子苷元标准样品	研制	烟台麦丰食品有限公司、山东省分析测试中心		
152	S2016163	1,3-O-二咖啡酰基奎宁酸标准样品	研制	中国科学院新疆理化技术研究所		
153	S2016164	3,4-O-二咖啡酰基奎宁酸标准样品	研制	中国科学院新疆理化技术研究所		
154	S2016165	3,5-O-二咖啡酰基奎宁酸标准样品	研制	中国科学院新疆理化技术研究所		
155	S2016166	4,5-O-二咖啡酰基奎宁酸标准样品	研制	中国科学院新疆理化技术研究所		
156	S2016167	4-O-咖啡酰基奎宁酸标准样品	研制	中国科学院新疆理化技术研究所		
157	S2016168	5-O-咖啡酰基奎宁酸标准样品	研制	中国科学院新疆理化技术研究所		
158	S2017004	雏菊叶龙胆酮标准样品	研制	中国科学院西北高原生物研究所		
159	S2017005	大麦黄苷标准样品	研制	中国科学院西北高原生物研究所		

序号	项目计划编号	项目名称	研(复)制	研制单位	项目进度	标样编号
160	S2017006	胡麻苷标准样品	研制	中国科学院西北高原生物研究所		
161	S2017007	皂草黄苷标准样品	研制	中国科学院西北高原生物研究所		
162	S2017008	诃黎勒酸标准样品	研制	中国科学院西北高原生物研究所		
163	S2017009	诃子酸标准样品	研制	中国科学院西北高原生物研究所		
164	S2017010	葛根素标准样品	研制	山东雨霖食品有限公司		
165	S2017011	罗汉果皂苷V标准样品	研制	山东雨霖食品有限公司		
166	S2017012	大豆苷标准样品	研制	烟台龙大食品有限公司		
167	S2017013	大豆苷元标准样品	研制	烟台龙大食品有限公司		
168	S2017014	菊苣酸标准样品	研制	烟台龙大食品有限公司、山东农业大学食品科学与工程学院		
169	S2017015	咖啡碱标准样品	研制	烟台龙大食品有限公司、山东农业大学食品科学与工程学院		
170	S2017016	果果五糖标准样品	研制	量子高科（中国）生物股份有限公司、北京市理化分析测试中心		
171	S2017017	果果六糖标准样品	研制	量子高科（中国）生物股份有限公司、北京市理化分析测试中心		
172	S2017018	果果七糖标准样品	研制	量子高科（中国）生物股份有限公司、北京市理化分析测试中心		

续表

序号	项目计划编号	项目名称	研(复)制	研制单位	项目进度	标样编号
173	S2017031	甘露聚糖标准样品	研制	中国标准化研究院、中国农业科学院饲料研究所、中国农业科学院北京畜牧兽医研究所		
174	S2017032	木聚糖标准样品	研制	中国标准化研究院、中国农业科学院饲料研究所、中国农业科学院北京畜牧兽医研究所		
175	S2017033	植酸钠标准样品	研制	中国标准化研究院、中国农业科学院饲料研究所、中国农业科学院北京畜牧兽医研究所		
176	S2017058	D-木糖标准样品	研制	山东省分析测试中心		
177	S2017059	L-阿拉伯糖标准样品	研制	山东省分析测试中心		
178	S2017060	槲皮素标准样品	研制	山东省分析测试中心		
179	S2017061	麦芽糖醇标准样品	研制	山东省分析测试中心		
180	S2017062	没食子酸标准样品	研制	山东省分析测试中心		
181	S2017063	木糖醇标准样品	研制	山东省分析测试中心		
182	S2017064	人参皂苷 Rd 标准样品	研制	山东省分析测试中心		
183	S2017065	人参皂苷 Re 标准样品	研制	山东省分析测试中心		
184	S2017066	山柰酚标准样品	研制	山东省分析测试中心		
185	S2017067	辣木米辛标准样品	研制	中国科学院过程工程研究所		
186	S2017068	辣木宁 A 标准样品	研制	中国科学院过程工程研究所		

序号	项目计划编号	项目名称	研(复)制	研制单位	项目进度	标样编号
187	S2017069	丹酚酸 B 标准样品	研制	河北海山生物制药有限公司		
188	S2017137	D-甘露糖醛酸钠	研制	青岛博智汇力生物科技有限公司、山东省分析测试中心		
189	S2017138	L-古罗糖醛酸钠	研制	青岛博智汇力生物科技有限公司、山东省分析测试中心		
190	S2017139	4-氧-(2-氨基-2-脱氧-β-D-吡喃葡萄糖基)-2-氨基-2-脱氧-D-吡喃葡萄糖-二盐酸盐	研制	青岛博智汇力生物科技有限公司、山东省分析测试中心		
191	S2017140	4-O-(β-D-吡喃木糖基)-D-吡喃木糖	研制	青岛博智汇力生物科技有限公司、山东省分析测试中心		
192	S2017141	β-D-吡喃半乳糖基-(1→4)-β-D-吡喃半乳糖基-(1→6)-D-吡喃葡萄糖	研制	量子高科（中国）生物股份有限公司、山东省分析测试中心		
193	S2017142	β-D-吡喃半乳糖基-(1→6)-β-D-吡喃半乳糖基-(1→2)-D-吡喃葡萄糖	研制	量子高科（中国）生物股份有限公司、山东省分析测试中心		
194	S2017143	芍药内酯苷	研制	北京欧纳尔生物工程技术有限公司、北京工商大学		

序号	项目计划编号	项目名称	研(复)制	研制单位	项目进度	标样编号
195	S2018028	β-D-吡喃半乳糖基-(1→4)-β-D-吡喃半乳糖基-(1→4)-D-吡喃葡萄糖标准样品	研制	量子高科（中国）生物股份有限公司、山东省分析测试中心		
196	S2018029	石斛酚标准样品	研制	云南省农业科学院质量标准与检测技术研究所		
197	S2018030	天麻素标准样品	研制	云南省农业科学院质量标准与检测技术研究所		
198	S2018031	对香豆酸标准样品	研制	北京化工大学		
199	S2018032	根皮苷标准样品	研制	北京化工大学		
200	S2018033	侧孢短芽孢杆菌抗菌肽标准样品	研制	河北科技大学、中国标准化研究院、河北农业大学		
201	S2018034	金枪鱼胶原蛋白标准样品	研制	中博创（北京）技术推广有限公司、浙江工商大学、中国标准化研究院、河北省食品检验研究院		
202	S2018035	虾原肌球蛋白标准样品	研制	中博创（北京）技术推广有限公司、江南大学、浙江工商大学、中国标准化研究院、河北省食品检验研究院		
203	S2018036	虾精氨酸激酶标准样品	研制	中博创（北京）技术推广有限公司、浙江工商大学、中国标准化研究院、河北省食品检验研究院		
204	S2018037	丹参新酮标准样品	研制	浙江理工大学		
205	S2018038	二氢丹参酮 I 标准样品	研制	浙江理工大学		

序号	项目计划编号	项目名称	研(复)制	研制单位	项目进度	标样编号
206	S2018039	木霉素标准样品	研制	中国计量大学		
207	S2018040	四霉素 P 标准样品	研制	中国计量大学		
208	S2018041	四烯菌素 B 标准样品	研制	中国计量大学		
209	S2018042	蕨藻红素标准样品	研制	中国水产科学研究院、中国水产科学研究院南海水产研究所		
210	S2018043	金属硫蛋白标准样品	研制	中国水产科学研究院、浙江省海洋水产研究所、中国水产科学研究院南海水产研究所		
211	S2018044	二十二碳六烯酸标准样品	研制	中国水产科学研究院南海水产研究所、中国水产科学研究院		
212	S2018045	二十碳五烯酸标准样品	研制	中国水产科学研究院南海水产研究所、中国水产科学研究院		
213	S2018070	水杨酸甲酯标准样品	研制	福建中益制药有限公司		
214	S2018071	丁香酚标准样品	研制	福建中益制药有限公司		
215	S2018072	甘草酸铵标准样品	研制	福建中益制药有限公司		
216	S2018073	桉油精标准样品	研制	福建中益制药有限公司		
217	待立项	缬氨酸—缬氨酸—酪氨酸—脯氨酸标准样品	研制	中国科学院兰州化学物理研究所	立项中	
218	待立项	橄榄苦苷标准样品	研制	中国科学院兰州化学物理研究所	立项中	
219	待立项	络赛维标准样品	研制	中国科学院兰州化学物理研究所	立项中	

序号	项目计划编号	项目名称	研(复)制	研制单位	项目进度	标样编号
220	待立项	羟基酪醇标准样品	研制	中国科学院兰州化学物理研究所	立项中	
221	待立项	山楂酸标准样品	研制	中国科学院兰州化学物理研究所	立项中	
222	待立项	槲皮素-3-D-木糖苷标准样品	研制	北京化工大学	立项中	
223	待立项	壳三糖标准样品	研制	中国科学院过程工程研究所	立项中	
224	待立项	壳四糖标准样品	研制	中国科学院过程工程研究所	立项中	
225	待立项	芒果苷标准样品	研制	中国热带农业科学院分析测试中心、中国计量大学	立项中	
226	待立项	5,7-二羟基色原酮标准样品	研制	浙江大学、中国计量大学	立项中	
227	待立项	圣草酚标准样品	研制	浙江大学、中国计量大学	立项中	
228	待立项	开环异落叶松树脂酚二葡萄糖苷标准样品	研制	北京市理化分析测试中心、中国标准化研究院	立项中	
229	待立项	毛兰素标准样品	研制	云南省农业科学院质量标准与检测技术研究所	立项中	
230	待立项	滨蒿内酯标准样品	研制	云南省农业科学院质量标准与检测技术研究所	立项中	
231	待立项	天麻苷元标准样品	研制	云南省农业科学院质量标准与检测技术研究所	立项中	
232	待立项	β-丁香烯标准样品	研制	福建中益制药有限公司	立项中	
233	待立项	豆甾醇标准样品	研制	江南大学、江苏科瓹生物制品有限公司、北京市理化分析测试中心	立项中	
234	待立项	油酸豆甾醇酯标准样品	研制	江南大学、江苏科瓹生物制品有限公司、北京市理化分析测试中心	立项中	

序号	项目计划编号	项目名称	研(复)制	研制单位	项目进度	标样编号
235	待立项	菌菇凝集素标准样品	研制	中国科学院过程工程研究所	立项中	
236	待立项	莨菪亭标准样品	研制	中国科学院兰州化学物理研究所	立项中	
237	待立项	毛蕊异黄酮标准样品	研制	中国科学院兰州化学物理研究所	立项中	
238	待立项	芒柄花苷标准样品	研制	中国科学院兰州化学物理研究所	立项中	
239	待立项	藁本内酯标准样品	研制	中国科学院兰州化学物理研究所	立项中	
240	待立项	党参炔苷标准样品	研制	中国科学院兰州化学物理研究所	立项中	
241	待立项	甘草查尔酮 A 标准样品	研制	中国科学院兰州化学物理研究所	立项中	
242	待立项	土大黄苷标准样品	研制	中国科学院兰州化学物理研究所	立项中	
243	待立项	大黄素甲醚标准样品	研制	中国科学院兰州化学物理研究所	立项中	
244	待立项	玉米黄质标准样品	研制	中国科学院兰州化学物理研究所	立项中	
245	待立项	苯丙氨酸—脯氨酸标准样品	研制	中国科学院兰州化学物理研究所	立项中	
246	待立项	新狼毒素 A 标准样品	研制	北京农学院	立项中	
247	待立项	狼毒色原酮标准样品	研制	北京农学院	立项中	
248	待立项	牡荆素葡萄糖苷标准样品	研制	北京林业大学	立项中	
249	待立项	京尼平苷酸标准样品	研制	北京林业大学	立项中	

序号	项目计划编号	项目名称	研(复)制	研制单位	项目进度	标样编号
250	待立项	原花青素 B2 标准样品	研制	北京市理化分析测试中心、中国标准化研究院	立项中	
251	待立项	L-丙氨酰-L-酪氨酸标准样品	研制	北京市理化分析测试中心、中国标准化研究院	立项中	
252	待立项	吡咯喹啉醌二钠标准样品	研制	福建力多利生物科技有限公司	立项中	
253	待立项	蔗果九糖标准样品	研制	量子高科（中国）生物股份有限公司、北京市理化分析测试中心	立项中	
254	待立项	蔗果八糖标准样品	研制	量子高科（中国）生物股份有限公司、北京市理化分析测试中心	立项中	
255	待立项	蔗果七糖标准样品	研制	量子高科（中国）生物股份有限公司、北京市理化分析测试中心	立项中	
256	待立项	岩藻甾醇标准样品	研制	国家海洋局第三海洋研究所	立项中	
257	待立项	甘露醇标准样品	研制	国家海洋局第三海洋研究所	立项中	
258	待立项	岩藻黄醇标准样品	研制	国家海洋局第三海洋研究所	立项中	
259	待立项	乌头碱标准样品	研制	北京出入境检验检疫局检验检疫技术中心、北京市理化分析测试中心	立项中	
260	待立项	齐墩果酸标准样品	研制	北京出入境检验检疫局检验检疫技术中心、北京市理化分析测试中心	立项中	
261	待立项	马钱子碱标准样品	研制	北京出入境检验检疫局检验检疫技术中心、北京市理化分析测试中心	立项中	
262	待立项	刻叶紫堇胺标准样品	研制	中国科学院西北高原生物研究所	立项中	

结束语

　　天然产物标准样品的研复制工作是与天然产物相关的科学研究、技术开发及产业化的基础。每一个标准样品的产生都有可能推动一个细分领域或产业的发展。我国的天然产物产业迫切需要大批量的天然产物标准样品和各种规范化的检测技术来控制产品质量。天然产物标准样品不仅从技术和物质的角度为营养食品的分析鉴定，药品、保健品及相关产品的质量监控，进出口产品的检验，天然产物提取物的定性定量确认等工作提供实物依据，还对推进我国中药现代化和农产品的深层次开发，在经济全球化中建立合理的生物保护技术体系发挥着重要作用。因此，开展典型天然产物标准样品的研制与示范工作是我国天然产物产业发展的需求之一。

　　笔者在近年来从事天然产物相关研究工作的基础上，以天然产物标准样品研制工作的迫切需求为导向，为解决研制技术的瓶颈性问题，精选了在化学结构和性质上具有代表性的多种天然产物的示范性研究，归纳了天然产物标准样品典型研制技术，列举了有关研制技术体系建设的部分研究成果形成本书。本书是《天然产物提取物实用手册》《天然产物活性成分分离与纯化——食品与化妆品》的姊妹篇。本书既可作为从事天然产物标准样品研制工作的科技人员的参考书籍，也可以供读者进一步了解天然产物标准样品相关信息。

　　目前，在国家有关部门的指导下，我国天然产物标准样品研制技术及相关技术体系的构建已经取得了长足发展，《国家标准样品管理办法》也在修订中。笔者期望本书对天然产物标准样品的示范性研究工作的介绍，能够为进一步建立和完善规范的研制技术体系、形成比较全面的技术覆盖能力、解决行业发展的技术难题、促进我国天然产物产业的发展尽微薄之力。

　　本书的编写得到了质检公益性行业科研专项"天然产物标准样品示范性研制及技术规范研究"项目的支持。在此衷心感谢为本书提出宝贵意见的专家学者。